JN097171

毒物劇物試験問題集
〔関西広域連合・奈良県版〕

令和 2 (2020)年度版

序

　毒物及び劇物取締法は、日常流通している有用な化学物質のうち、毒性の著しいものについて、化学物質そのものの毒性に応じて毒物又は劇物に指定し、製造業、輸入業、販売業について登録にかからしめ、毒物劇物取扱責任者を置いて管理させるとともに、保健衛生上の見地から所要の規制を行っています。

　毒物劇物取扱責任者は、毒物劇物の製造業、輸入業、販売業及び届け出の必要な業務上取扱者において設置が義務づけられており、現場の実務責任者として十分な知識を有し保健衛生上の危害の防止のために必要な管理業務に当たることが期待されています。

　毒物劇物取扱者試験は、毒物劇物取扱責任者の資格要件の一つとして、各都道府県の知事が概ね一年に一度実施するものであります。

　本書は、令和元年度から関西広域連合〔滋賀県、京都府、大阪府、和歌山県、兵庫県、徳島県〕及び奈良県で実施された試験問題を、試験の種別に編集し、解答・解説を付けたものであります。

　特に本書の特色は法規・基礎化学・性状及び取扱・実地の項目に分けて問題と解答・解説を対応させて収録し、より使い易く、分かり易い編集しました。

　毒物劇物取扱者試験の受験者は、本書をもとに勉学に励み、毒物劇物に関する知識を一層深めて試験に臨み、合格されるとともに、毒物劇物に関する危害の防止についてその知識をいかんなく発揮され、ひいては、化学物質の安全の確保と産業の発展に貢献されることを願っています。

　なお、本書における問題の出典先は、〔滋賀県、京都府、大阪府、和歌山県、兵庫県、徳島県〕・奈良県。また、解答・解説については、この書籍を発行するに当たった編著により作成しております。従いまして、本書における不明な点等がある場合は、弊社へ直接メールでお問い合わせいただきますようお願い申し上げます。（お電話でのお問い合わせは、ご容赦いただきますようお願い申し上げます。）

　最後にこの場をかりて試験問題の情報提供等にご協力いただいた関西広域連合〔滋賀県、京都府、大阪府、和歌山県、兵庫県、徳島県〕・奈良県の担当の方へ深く謝意を申し上げます。

２０２０年７月

目　　次

筆 記 編
〔法規、基礎化学〕

〔法規編〕

関西広域連合統一共通〔滋賀県、京都府、大阪府、和歌山県、兵庫県、徳島県〕

【令和元年度実施】

(一般・農業用品目・特定品目共通)

問1　次の記述は法の条文の一部である。（　）の中に入れるべき字句の正しい組合せを下表から一つ選べ。

法第1条(目的)
　この法律は、毒物及び劇物について、保健衛生上の見地から必要な（　a　）を行うことを目的とする。

法第2条(定義)
　この法律で「毒物」とは、別表第一に掲げる物であつて、医薬品及び（　b　）以外のものをいう。

	a	b
1	措置	危険物
2	規制	医薬部外品
3	規制	食品添加物
4	取締	医薬部外品
5	取締	危険物

問2　次の記述は法第3条の2第9項の条文である。（　　）の中に入れるべき字句の正しい組合せを下表から一つ選べ。

　　毒物劇物営業者又は特定毒物研究者は、保健衛生上の危害を防止するため政令で特定毒物について（　a　）、（　b　）又は（　c　）の基準が定められたときは、当該特定毒物については、その基準に適合するものでなければ、これを特定毒物使用者に譲り渡してはならない。

	a	b	c
1	品質	着色	廃棄
2	品質	着色	表示
3	品質	応急措置	使用
4	安全	応急措置	表示
5	安全	着色	廃棄

問3　次の製剤のうち、毒物に該当するものの正しい組合せを1〜5から一つ選べ。
　a　セレン化水素を含有する製剤
　b　塩化第一水銀を含有する製剤
　c　塩化水素を含有する製剤
　d　弗化水素を含有する製剤

　1（a、b）　2（a、c）　3（a、d）　4（b、d）　5（c、d）

問4 施行令第32条の2に規定されている興奮、幻覚又は麻酔の作用を有するものについて、正しい組合せを1〜5から一つ選べ。

a トルエン　　　　　b 酢酸エチル
c メタノール　　　　d 酢酸エチルを含有する接着剤

1（a、b）　2（a、c）　3（a、d）　4（b、c）　5（b、d）

問5 毒物又は劇物の営業の登録に関する記述の正誤について、正しい組合せを下表から一つ選べ。

a 毒物又は劇物の製剤の製造業の登録は、都道府県知事が行う。
b 毒物又は劇物の販売業の登録を受けようとする者は、本社の所在地の都道府県知事に申請書を出さなければならない。
c 毒物又は劇物の輸入業の登録は、6年ごとに、更新を受けなければ、その効力を失う。

	a	b	c
1	正	正	正
2	正	誤	誤
3	誤	誤	正
4	誤	誤	誤
5	誤	正	誤

問6 毒物劇物販売業の販売品目に関する記述の正誤について、正しい組合せを下表から一つ選べ。

a 一般販売業の登録を受けた者は、特定毒物を販売することはできない。
b 農業用品目販売業の登録を受けた者は、農業上必要な毒物又は劇物のすべてを販売することができる。
c 特定品目販売業の登録を受けた者は、厚生労働省令で定める毒物又は劇物以外の毒物又は劇物を販売してはならない。

	a	b	c
1	正	正	正
2	正	正	誤
3	正	誤	正
4	誤	誤	正
5	誤	正	誤

問7 毒物又は劇物の製造所の設備基準に関する記述の正誤について、正しい組合せを下表から一つ選べ。

a 毒物又は劇物を陳列する場所にかぎをかける設備があること。
b 毒物又は劇物の運搬用具は、毒物又は劇物が飛散し、漏れ、又はしみ出るおそれがないものであること。
c 毒物又は劇物の貯蔵設備は、毒物又は劇物とその他の物とを区分して貯蔵できるものであること。

	a	b	c
1	正	正	正
2	正	正	誤
3	正	誤	正
4	誤	誤	正
5	誤	正	誤

問8 毒物劇物販売業者は、当該店舗に設置している毒物劇物取扱責任者を変更したとき、いつまでにその毒物劇物取扱責任者の氏名を届け出なければならないか。正しいものを1〜5から一つ選べ。

1 5日以内　　2 7日以内　　3 10日以内　　4 15日以内　　5 30日以内

問9 次のうち、施行令第32条の3で規定されている、発火性又は爆発性のある劇物に該当するものはいくつあるか、正しいものを1〜5から一つ選べ。

a 亜塩素酸ナトリウム30％を含有する製剤
b 塩素酸塩類30％を含有する製剤
c ナトリウム
d クロルピクリン

1 1つ　　　2 2つ　　　3 3つ　　　4 4つ　　　5 なし

－2－

問 10　毒物劇物営業者が、モノフルオール酢酸アミドを含有する製剤を特定毒物使用者に譲渡する場合、何色に着色されていなければならないか。正しいものを１～５から一つ選べ。

　　1　黒色　　2　青色　　3　黄色　　4　赤色　　5　暗緑色

問 11　次の記述は法第 11 条第４項及び施行規則第 11 条の４の条文である。（　　）の中に入れるべき字句の正しい組合せを下表から一つ選べ。

　　法第 11 条第４項
　　　毒物劇物営業者及び特定毒物研究者は、毒物又は厚生労働省令で定める劇物については、その容器として、（ a ）を使用してはならない。

　　施行規則第 11 条の４
　　　法第 11 条第４項に規定する劇物は、（ b ）とする。

	a	b
1	密閉できない物	すべての劇物
2	危険物の容器として通常使用される物	すべての劇物
3	飲食物の容器として通常使用される物	すべての劇物
4	密閉できない物	液体状の劇物
5	飲食物の容器として通常使用される物	液体状の劇物

問 12　毒物劇物営業者が毒物又は劇物である有機燐化合物を販売するときに、その容器及び被包に表示しなければならない解毒剤として、正しい組合せを１～５から一つ選べ。

　　a　２－ピリジルアルドキシムメチオダイド(別名 PAM)の製剤
　　b　ジメチル－２・２－ジクロルビニルホスフエイト(別名 DDVP)の製剤
　　c　硫酸アトロピンの製剤
　　d　アセチルコリンの製剤

　　1（a、b）　　2（a、c）　　3（a、d）　　4（b、d）　　5（c、d）

問 13　毒物劇物営業者が行う毒物又は劇物の表示に関する記述の正誤について、正しい組合せを下表から一つ選べ。

　　a　毒物の容器及び被包に、「医薬用外」の文字を表示しなければならない。
　　b　毒物の容器及び被包に、黒地に白色をもって「毒物」の文字を表示しなければならない。
　　c　劇物の容器及び被包に、白地に赤色をもって「劇物」の文字を表示しなければならない。
　　d　特定毒物の容器及び被包に、白地に黒色をもって「特定毒物」の文字を表示しなければならない。

	a	b	c	d
1	正	正	正	正
2	誤	正	誤	誤
3	正	正	誤	誤
4	正	誤	正	誤
5	正	誤	正	正

問 14　毒物劇物営業者が、毒物又は劇物の容器及び被包に表示しなければ販売又は授与できない事項の正誤について、正しい組合せを下表から一つ選べ。

　　a　毒物又は劇物の名称
　　b　毒物又は劇物の成分及びその含量
　　c　毒物又は劇物の使用期限
　　d　毒物又は劇物の製造番号

	a	b	c	d
1	正	正	誤	誤
2	正	誤	誤	誤
3	誤	正	正	正
4	正	誤	正	正
5	正	正	正	正

問 15　法第 13 条の規定により、硫酸タリウムを含有する製剤である劇物を農業用として販売する場合の着色方法として、正しいものを 1〜5 から一つ選べ。

1　鮮明な青色　　　　2　あせにくい緑色　　　　3　鮮明な黄色
4　あせにくい黒色　　5　鮮明な赤色

問 16　毒物劇物営業者が、毒物又は劇物を毒物劇物営業者以外の者に販売するとき、その譲受人から提出を受けなければならない書面に記載等が必要な事項として、法及び施行規則に規定されていないものを 1〜5 から一つ選べ。

1　毒物又は劇物の名称及び数量　　　2　販売の年月日
3　毒物又は劇物の使用目的　　　　　4　譲受人の氏名、職業及び住所
5　譲受人の押印

問 17　次の記述は法第 15 条第 1 項の条文である。（　　）の中に入れるべき字句の 正しい組合せを下表から一つ選べ。

法第 15 条第 1 項
　毒物劇物営業者は、毒物又は劇物を次に掲げる者に交付してはならない。
　一　（ a ）の者
　二　心身の障害により毒物又は劇物による保健衛生上の危害の防止の措置
　　　を適正に行うことができない者として厚生労働省令で定めるもの
　三　麻薬、（ b ）、あへん又は（ c ）の中毒者

	a	b	c
1	14 歳未満	シンナー	覚せい剤
2	18 歳未満	大麻	覚せい剤
3	18 歳未満	シンナー	向精神薬
4	20 歳未満	大麻	向精神薬
5	20 歳未満	大麻	危険ドラッグ

問 18　次の記述は施行令第 40 条の条文の一部である。（　　）の中に入れるべき字句の正しい組合せを下表から一つ選べ。

施行令第 40 条
　法第 15 条の 2 の規定により、毒物若しくは劇物又は法第 11 条第 2 項に規定する政令で定める物の廃棄の方法に関する技術上の基準を次のように定める。
　一　中和、（ a ）、（ b ）、還元、（ c ）その他の方法により、毒物及び劇物並びに法第 11 条第 2 項に規定する政令で定める物のいずれにも該当しない物とすること。

	a	b	c
1	加水分解	酸化	稀釈
2	加水分解	加熱	冷却
3	電気分解	加熱	稀釈
4	加水分解	加熱	濃縮
5	電気分解	酸化	冷却

問 19 法に規定する立入検査に関する記述の正誤について、正しい組合せを下表から一つ選べ。

a 都道府県知事は、保健衛生上必要があると認めるときは、毒物又は劇物の販売業者から必要な報告を徴することができる。

b 都道府県知事は、犯罪捜査上必要があると認めるときは、薬事監視員のうちからあらかじめ指定する者(毒物劇物監視員)に、毒物又は劇物の販売業者の店舗に立ち入り、試験のため必要な最小限度の分量に限り、毒物、劇物を収去させることができる。

c 毒物劇物監視員は、その身分を示す証票を携帯し、関係者の請求があるときは、これを提示しなければならない。

	a	b	c
1	正	正	正
2	正	誤	正
3	誤	正	誤
4	正	正	誤
5	誤	誤	正

問 20 法第 22 条第 1 項の規定により、届出が必要な事業について、正しい組合せを 1～5 から一つ選べ。

a 無機シアン化合物たる毒物を取り扱う、電気めっきを行う事業者
b 無機水銀たる毒物を取り扱う、金属熱処理を行う事業者
c 最大積載量が 3,000 キログラムの自動車に固定された容器を用いて 20 ％水酸化ナトリウム水溶液の運送を行う事業者
d 砒素化合物たる毒物を取り扱う、しろありの防除を行う事業者

1（a、b） 2（a、c） 3（a、d） 4（b、d） 5（c、d）

奈良県

（一般・農業用品目・特定品目共通）

問1　次のうち、毒物及び劇物取締法施行令第22条に規定されている、モノフルオール酢酸アミドを含有する製剤の使用者及び用途として、**正しいものの組み合わせ**を1つ選びなさい。

	使用者	用途
1	生産森林組合	食用に供されることがない観賞用植物の害虫の防除
2	農業協同組合	りんごの害虫の防除
3	石油精製業者	ガソリンへの混入
4	地方公共団体	コンテナ内におけるねずみの駆除
5	農業共済組合	倉庫内の昆虫等の駆除

問2　次のうち、特定毒物である四アルキル鉛を含有する製剤の着色の基準で規定されている色として、**誤っているもの**を1つ選びなさい。

　　　1　赤色　　2　青色　　3　黄色　　4　緑色　　5　黒色

問3　次のうち、毒物及び劇物取締法第3条の4に規定されている、引火性、発火性又は爆発性のある劇物であって政令で定めるものとして、**正しいものの組み合わせ**を1つ選びなさい。

　　　a　ピクリン酸　　　b　ナトリウム　　　c　メタノール　　　d　ニトロベンゼン

　　1　(a、b)　　　2　(a、c)　　　　3　(b、d)　　　　4　(c、d)

問4　次のうち、毒物及び劇物取締法上、毒物劇物農業用品目販売業者が販売できるものとして、**正しいものの組み合わせ**を1つ選びなさい。

　　　a　アクリルニトリル　　　b　硫化燐（りん）

　　　c　シアナミド　　　　　　d　メチルイソチオシアネート

　　1　(a、b)　　　2　(a、c)　　　　3　(b、d)　　　　4　(c、d)

問5　次のうち、毒物及び劇物取締法上、毒物劇物特定品目販売業者が販売できるものとして、**正しいものの組み合わせ**を1つ選びなさい。

　　　a　四塩化炭素　　　b　二硫化炭素　　　c　アンモニア　　　　d　カリウム

　　1　(a、b)　　　2　(a、c)　　　　3　(b、d)　　　　4　(c、d)

問6　次のうち、毒物及び劇物取締法第4条に基づき毒物劇物営業者の登録を行う場合の登録事項として、**誤っているもの**を1つ選びなさい。

　　　1　申請者の氏名及び住所(法人にあっては、その名称及び主たる事務所の所在地)
　　　2　販売業の登録にあっては、販売又は授与しようとする毒物又は劇物の数量
　　　3　製造業又は輸入業の登録にあっては、製造し、又は輸入しようとする毒物又は劇物の品目
　　　4　製造所、営業所又は店舗の所在地

問7　毒物劇物営業者の登録に関する記述の正誤について、**正しい組み合わせを1つ**選びなさい。

a　輸入業の登録は、営業所ごとに内閣総理大臣が行う。

b　製造業の登録は、5年ごとに更新を受けなければ、その効力を失う。

c　販売業の登録の種類は、一般販売業、農業用品目販売業、特定品目販売業及び特定毒物販売業の4つがある。

d　毒物劇物製造業者がその製造した毒物又は劇物を、他の毒物劇物営業者に販売する場合、毒物劇物販売業の登録を受ける必要がない。

	a	b	c	d
1	誤	正	誤	誤
2	誤	正	誤	正
3	正	誤	誤	正
4	誤	誤	正	正
5	正	正	正	誤

問8　毒物及び劇物取締法の規定に関する記述の正誤について、**正しい組み合わせを**1つ選びなさい。

a　販売業の登録の種類である特定品目とは、特定毒物のことである。

b　毒物劇物営業者は、16歳の者に対して毒物又は劇物を交付することができる。

c　薬局の開設者が薬剤師の場合は、販売業の登録をうけなくても、毒物又は劇物を販売することができる。

d　特定毒物を所持できるのは、毒物劇物営業者、特定毒物研究者又は特定毒物使用者である。

	a	b	c	d
1	正	正	誤	誤
2	誤	正	正	正
3	正	誤	誤	正
4	誤	誤	誤	正
5	正	正	正	誤

問9　次の記述は、毒物及び劇物取締法第7条第1項の条文の一部である。（　　　）中にあてはまる字句として、**正しいものの組み合わせを1つ**選びなさい。

　　毒物劇物営業者は、毒物又は劇物を（　a　）に取り扱う製造所、営業所又は店舗ごとに、（　b　）の毒物劇物取扱責任者を置き、毒物又は劇物による（　c　）の危害の防止に当たらせなければならない。

	a	b	c
1	直接	常勤	保健衛生上
2	継続的	専任	保健衛生上
3	継続的	常勤	公衆衛生上
4	直接	専任	保健衛生上
5	直接	常勤	公衆衛生上

問10　毒物劇物取扱責任者に関する記述について、**正しいものの組み合わせを1つ**選びなさい。

a　薬剤師は、都道府県知事が行う毒物劇物取扱者試験に合格することなく、毒物劇物取扱責任者となることができる。

b　一般毒物劇物取扱者試験に合格した者は、特定品目販売業の毒物劇物取扱責任者になることはできない。

c　毒物劇物営業者は、毒物劇物取扱責任者を変更したときは、30日以内に、その毒物劇物取扱責任者の氏名を届け出なければならない。

d　毒物又は劇物に関する罪を犯し、罰金以上の刑に処せられ、その執行を終った日から起算して5年を経過していない者は、毒物劇物取扱責任者になることができない。

　　1（a、b）　　2（a、c）　　3（b、d）　　4（c、d）

問 11　毒物及び劇物取締法の規定を踏まえ、毒物劇物営業者の届出に関する記述について、**正しいもの**を 1 つ選びなさい。

1　店舗における毒物劇物販売業の営業時間を変更した場合、変更後 30 日以内に届出をしなければならない。
2　毒物を廃棄処分した場合、廃棄後 30 日以内に届出をしなければならない。
3　登録を受けた毒物又は劇物以外の毒物又は劇物を製造した場合、製造後 30 日以内に届出をしなければならない。
4　店舗の名称を変更した場合、変更後 30 日以内に届出をしなければならない。

問 12　毒物又は劇物の表示に関する記述について、**正しいものの組み合わせ**をで 1 つ選びなさい。

a　毒物又は劇物の製造業者が、その製造した毒物又は劇物を販売し、又は授与するときは、その容器及び被包に、製造所の名称及びその所在地を表示しなければならない。
b　毒物劇物営業者は、劇物の容器及び被包に、「医薬用外」の文字及び白地に赤色をもって「劇物」の文字を表示しなければならない。
c　毒物劇物営業者は、有機燐化合物及びこれを含有する製剤たる毒物及び劇物の容器及び被包に、厚生労働省令で定めるその中和剤の名称を表示しなければ、これを販売し、又は授与してはならない。
d　毒物劇物営業者は、毒物を陳列する場所に、「医薬用外」の文字及び「毒物」の文字を表示しなければならない。

1　(a、b)　　　2　(a、c)　　　3　(b、d)　　　4　(c、d)

問 13　毒物又は劇物の販売業者が、毒物又は劇物の直接の容器又は直接の被包を開いて、毒物又は劇物を販売し、又は授与するとき、その容器又は被包に表示しなければならない事項として、**正しいものの組み合わせ**を 1 つ選びなさい。

a　毒物劇物取扱責任者の氏名
b　毒物劇物取扱責任者の氏名及び住所
c　販売業者の氏名及び住所
d　販売業者の氏名及び電話番号

1　(a、b)　　　2　(a、c)　　　3　(b、d)　　　4　(c、d)

問 14　次の記述は、毒物及び劇物取締法第 14 条第 1 項の条文である。（　　　　）あてはまる字句として、**正しいものの組み合わせ**を 1 つ選びなさい。

　　毒物劇物営業者は、毒物又は劇物を他の毒物劇物営業者に販売し、又は授与したときは、その都度、次に掲げる事項を書面に記載しておかなければならない。
　一　毒物又は劇物の名称及び（　a　）
　二　販売又は授与の年月日
　三　（　b　）の氏名、（　c　）及び住所（法人にあつては、その名称及び主たる事務所の所在地）

	a	b	c
1	成分	譲受人	職業
2	数量	譲渡人	年齢
3	数量	譲受人	職業
4	成分	譲渡人	職業
5	数量	譲受人	年齢

問 15　次の防毒マスクのうち、ホルムアルデヒド 37 ％含有する製剤で液体状のもの
を車両を使用して1回につき 5,000 kg 運搬する場合に、当該車両に備えなければ
ならない保護具として、**正しいもの**を1つ選びなさい。
1　酸性ガス用防毒マスク　　　2　普通ガス用防毒マスク
3　有機ガス用防毒マスク　　　4　ハロゲンガス用防毒マスク
5　塩基性ガス用防毒マスク

問 16　次の記述は、毒物及び劇物取締法施行令第 40 条の6に規定されている、毒物
又は劇物の荷送人の通知義務に関するものである。（　　　）の中にあてはまる字
句として、**正しいものの組み合わせ**を1つ選びなさい。

　車両を使用して、1回の運搬につき（　a　）を超えて毒物又は劇物を運搬する
場合で、当該運搬を他に委託するときは、その荷送人は、運送人に対し、あらか
じめ、当該毒物又は劇物の名称、（　b　）及びその含量並びに数量並びに事故の
際に講じなければならない応急の措置の内容を記載した書面を交付しなければばな
らない。

	a	b
1	5,000kg	成分
2	5,000kg	毒性
3	1,000kg	成分
4	1,000kg	毒性

問 17　毒物及び劇物取締法施行令第 40 条の9第1項及び同法施行規則第 13 条の 12 に
規定されている、毒物劇物営業者が、譲受人に対し、提供しなければならない情報
の内容として、**正しいものの組み合わせ**を1つ選びなさい。

a　輸送上の注意　　　　　　b　盗難・紛失時の措置
c　物理的及び化学的性質　　d　毒物劇物取扱責任者の氏名

1　(a、b)　　　2　(a、c)　　　3　(b、d)　　　4　(c、d)

問 18　次のうち、毒物及び劇物取締法第 16 条の2に規定されている、毒物劇物営業者
が、その取扱に係る毒物又は劇物を紛失した場合に、直ちに、その旨を届け出なけ
ればならない機関として、**正しいもの**を1つ選びなさい。

1　都道府県庁　　　2　保健所　　　3　消防機関　　　4　警察署

問 19　次の記述は、毒物及び劇物取締法第 21 条第1項に規定されている、毒物又は
劇物の販売業者の登録が失効した場合の措置に関するものである。（　　　）の中
にあてはまる字句として、**正しいものの組み合わせ**を1つ選びなさい。

　毒物又は劇物の販売業者は、その営業の登録が効力を失ったときは、（　a　）
以内に、その店舗の所在地の都道府県知事(その店舗の所在地が、保健所を設置す
る市又は特別区の区域にある場合においては、市長又は区長。)に、現に所有する
（　b　）の品名及び数量を届け出なければならない。

	a	b
1	15 日	全ての毒物及び劇物
2	15 日	特定毒物
3	30 日	全ての毒物及び劇物
4	30 日	特定毒物

問 20 次のうち、毒物及び劇物取締法第 22 条第 1 項に規定されている、業務上取扱
者の届出が必要な事業者として、**誤っているもの**を 1 つ選びなさい。

1 電気めっきを行う事業者であって、その業務上、無機シアン化合物を取り扱う者
2 鼠の防除を行う事業者であって、その業務上、砒素化合物を取り扱う者
3 金属熱処理を行う事業者であって、その業務上、無機シアン化合物を取り扱う者
4 最大積載量が 5,000 k g 以上の自動車で塩素を運送する者

関西広域連合統一共通〔滋賀県、京都府、大阪府、和歌山県、兵庫県、徳島県〕

【令和元年度実施】

（一般・農業用品目・特定品目共通）

問 21 原子の構造に関する記述について、（　　）の中に入れるべき字句の正しい組合せを下表から一つ選べ。

原子は、その中心に（ a ）の電荷をもつ原子核と、それを取り巻く（ b ）の電荷をもつ電子からなる。さらに原子核は、（ c ）の電荷をもつ陽子と、電荷をもたない中性子からなる。原子中の陽子の数を（ d ）といい、原子核中の陽子の数と中性子の数の和を（ e ）という。

	a	b	c	d	e
1	正	負	正	原子番号	質量数
2	負	正	負	原子番号	質量数
3	正	負	正	質量数	原子番号
4	負	正	負	質量数	原子番号
5	中性	負	正	原子番号	質量数

問 22 分子の構造に関する記述の正誤について、正しい組合せを下表から一つ選べ。

a　N_2 は二重結合をもつ分子で、直線形の立体構造をしている。
b　H_2O は単結合のみをもつ分子で、折れ線形の立体構造をしている。
c　CO_2 は三重結合をもつ分子で、直線形の立体構造をしている。

	a	b	c
1	誤	正	誤
2	正	誤	誤
3	誤	正	正
4	誤	誤	正
5	正	正	誤

問 23 中和反応の量的関係に関する記述について、（　　）の中に入れるべき字句の正しい組合せを下表から一つ選べ。

中和反応は、酸の H^+ と塩基の OH^- が結合して（ a ）を生成する反応である。たとえば、1価の塩基である水酸化ナトリウム（NaOH）1 mol をちょうど中和するのに必要な酸の物質量は、1価の塩酸（HCl）ならば1 mol、（ b ）価の硫酸（H_2SO_4）ならば（ c ）mol である。

	a	b	c
1	H_2O_2	1	0.5
2	H_2O_2	2	2
3	H_2O	1	2
4	H_2O	2	2
5	H_2O	2	0.5

問 24　メタン(CH₄) 8.0 g を完全燃焼させたときに生成する水の質量は何 g になるか。次の 1〜5 から一つ選べ。

　　　ただし、原子量は H = 1.0、C = 12、O = 16 とする。

　　　1　0.9　　2　4.5　　3　9.0　　4　18　　5　45

問 25　酸化還元反応に関する記述について、(　)の中に入れるべき字句の正しい組合せを下表から一つ選べ。

　　　H₂S + I₂ → S + 2 HI

　の酸化還元反応では、S 原子の酸化数は (　a　) しているので、H₂S は (　b　) として作用しており、I 原子の酸化数は (　c　) しているので、I₂ は (　d　) として作用している。

	a	b	c	d
1	増加	還元剤	減少	酸化剤
2	増加	酸化剤	増加	還元剤
3	増加	還元剤	減少	還元剤
4	減少	酸化剤	増加	還元剤
5	減少	還元剤	増加	酸化剤

問 26　熱化学方程式に関する記述の正誤について、正しい組合せを下表から一つ選べ。

　　a　化学反応式の右辺に反応熱を加えて、両辺を等号(＝)で結んだ式を熱化学方程式という。
　　b　熱化学方程式の係数に分数や小数を使用してはいけない。
　　c　反応熱は、発熱反応のときは＋の符号を、吸熱反応のときは－の符号をつけて、kJ の単位で表す。

	a	b	c
1	正	誤	誤
2	誤	誤	正
3	正	誤	正
4	正	正	正
5	誤	正	誤

問 27　1 mol の N₂ と 3 mol の H₂ を密閉容器に入れて高温に保ったとき、平衡状態にある記述として、正しいものを 1〜5 から一つ選べ。

　　N₂ ＋ 3 H₂ ⇄ 2 NH₃

　1　NH₃ が生成する速さと NH₃ が分解する速さが等しい。
　2　物質量の比が N₂：H₂：NH₃ ＝ 1：3：2 になっている。
　3　反応が停止して、各物質の濃度が一定になっている。
　4　N₂、H₂、NH₃ の物質量の比が等しくなっている。
　5　NH₃ は分解しない。

問 28　コロイド溶液に関する記述の正誤について、正しい組合せを下表から一つ選べ。

　　a　親水コロイドは、少量の電解質を加えると沈殿する。
　　b　ブラウン運動は、コロイド粒子自身の熱運動である。
　　c　コロイド溶液に横から強い光を当てると、光の通路が輝いて見える。この現象をチンダル現象という。

	a	b	c
1	正	誤	正
2	誤	誤	正
3	正	正	誤
4	正	正	正
5	誤	正	誤

問 29　次の水素化合物のうち、沸点が最も高いものを 1〜5 から一つ選べ。

　　1　HF　　2　CH₄　　3　NH₃　　4　H₂O　　5　H₂S

問 30 次の図は面心立方格子の結晶構造をもつ金属結晶の構造である。単位格子内に含まれる原子の数と配位数について、正しい組合せを下表から一つ選べ。

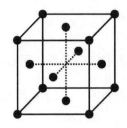

	単位格子内に含まれる原子の数	配位数
1	2	8
2	2	12
3	4	8
4	4	12
5	6	12

問 31 鉄の製錬に関する記述について、（　　）に入れるべき字句の正しい組合せを下表から一つ選べ。

　　鉄鉱石、コークス、（　a　）を溶鉱炉に入れ、下から熱風を送ると、主にコークスの燃焼で生じた（　b　）によって鉄の酸化物が（　c　）されて、鉄の単体を取り出すことができる。

	a	b	c
1	石灰石	二酸化炭素	酸化
2	石灰石	二酸化炭素	還元
3	石灰石	一酸化炭素	還元
4	重曹	二酸化炭素	酸化
5	重曹	一酸化炭素	還元

問 32 遷移元素に関する記述のうち、銅と銀の両方に当てはまるものを1〜5から一つ選べ。

1 湿った空気中で酸化されにくい。
2 赤色の金属光沢を示す。
3 希塩酸には溶けないが、希硫酸には溶ける。
4 ハロゲンの化合物はフィルム式写真の感光剤に利用される。
5 熱伝導性、電気伝導性が大きい。

問 33 アセチレンに関する反応の主な生成物として、誤っているものを1〜5から一つ選べ。

1 $CH \equiv CH + HCl \rightarrow CH_2 = CHCl$
2 $CH \equiv CH + CH_3COOH \rightarrow CH_2 = CHOCOCH_3$
3 $CH \equiv CH + HCN \rightarrow CH_2 = CHCN$
4 $CH \equiv CH + H_2O$ （$HgSO_4$ 触媒）$\rightarrow CH_2 = CHOH$
5 $3CH \equiv CH$ （Fe 触媒）$\rightarrow C_6H_6$

問 34 次の化合物について、塩化鉄（Ⅲ）（$FeCl_3$）水溶液を加えても呈色しないものを1〜5から一つ選べ。

1 フェノール　　　　2 ベンジルアルコール　　　3 o－クレゾール
4 サリチル酸　　　　5 1－ナフトール（α－ナフトール）

問 35 次のアミノ酸のうち、酸性アミノ酸はいくつあるか。正しいものを1〜5から一つ選べ。

a チロシン　　b アスパラギン酸　　c システイン　　d リシン

1 1つ　　　2 2つ　　　3 3つ　　　4 4つ　　　5 なし

奈良県

【令和元年度実施】
（一般・農業用品目・特定品目共通）

問 21 ～ 31 次の記述について、（　　　）の中に入れるべき字句のうち、**正しいもの**を1つ選びなさい。

問 21　次のうち、常温、常圧において、固体である物質は（　　　）である。

1　F_2　　2　Cl_2　　3　Br_2　　4　I_2　　5　N_2

問 22　次のうち、価電子の数が 0 の原子は（　　）である。

1　$_{11}Na$　　2　$_{12}Mg$　　3　$_{13}Al$　　4　$_{17}Cl$　　5　$_{18}Ar$

問 23　次のうち、元素記号「S」で表される元素名は（　　）である。

1　ケイ素　　2　硫黄　　3　スカンジウム　　4　セレン　　5　ストロンチウム

問 24　次のうち、不飽和度が 2 である脂肪酸は（　　　）である。

1　パルミチン酸　　　2　ステアリン酸　　　3　オレイン酸
4　リノール酸　　　5　アラキドン酸

問 25　次のうち、アルデヒド基の識別に用いられる反応は（　　）である。

1　キサントプロテイン反応　　　2　ニンヒドリン反応　　　3　ビウレット反応
4　フェーリング反応　　　　　5　ヨウ素デンプン反応

問 26　次のうち、ヨードホルム反応で生成する黄色結晶は（　　）である。

1　CHI_3　　2　CH_2I_2　　3　CH_3I　　4　CH_4　　5　CI_4

問 27　次のうち、塩化ナトリウムのナトリウム原子と塩素原子の結合は（　　）である。

1　分子間力による結合　　2　金属結合　　　3　配位結合
4　共有結合　　　　　　5　イオン結合

問 28　次のうち、純物質でないものは（　　）である。

1　塩酸　　2　酸素　　3　水　　4　塩化ナトリウム　　5　鉄

問 29　次のうち、中性の原子が電子 1 個を取り入れて、1 価の陰イオンになるときに放出されるエネルギーは（　　　）である。

1　第 1 イオン化エネルギー　　　2　ファンデルワールス力　　　3　電子親和力
4　クーロン力　　　　　　　　5　電気陰性度

問 30　次のうち、アミノ基は（　　）である。

1　$-NH_2$　　2　$-NO_2$　　3　$-CHO$　　4　$-SO_3H$　　5　$-COOH$

問 31　次のうち、芳香族化合物でないものは（　　）である。

1　スチレン　　　2　クメン　　3　アニリン
4　マレイン酸　　　5　フタル酸

問32　次の電池に関する記述のうち、**正しいもの**を1つ選びなさい。

1　電池の正極、負極は反応させる金属のイオン化傾向の大小により決定される。
2　放電の際、正極では酸化反応、負極では還元反応が起こる。
3　ボルタ電池は希硫酸に浸した亜鉛板を正極、銅板を負極とした電池である。
4　鉛蓄電池は正極が鉛、負極が塩化鉛(IV)であり、充電によりくりかえし使用ができるため、二次電池ともいわれる。

問33　次の銅イオン(Cu^{2+})を含む水溶液の性質に関する記述のうち、**正しいもの**を1つ選びなさい。

1　水酸化ナトリウム水溶液を加えると無色透明な溶液となる。
2　炎色反応は赤色を示す。
3　硫化水素を通じると黒色の沈殿物を生じる。
4　アンモニア水を加えると暗褐色の沈殿を生じる。

問34　次の酸化還元反応に関する記述のうち、**誤っているもの**を1つ選びなさい。

1　過酸化水素は、酸化剤及び還元剤の両方の働きをする物質である。
2　酸化マンガン(IV)と濃塩酸の酸化還元反応では、マンガン原子は還元される。
3　酸化反応と還元反応は同時におこり、それぞれの反応が単独でおこることはない。
4　硫酸酸性にしたシュウ酸水溶液と過マンガン酸カリウム水溶液の酸化還元反応では、シュウ酸は酸化剤として働く。

問35　次の記述の正誤について、**正しい組み合わせ**を1つ選びなさい。

a　水分子は直線型の構造をした極性分子である。
b　水を大気圧下で固体から液体へ状態変化させると、体積は減少する。
c　水分子中の水素原子と酸素原子は共有結合している。

	a	b	c
1	正	正	正
2	誤	正	誤
3	誤	正	正
4	正	誤	誤
5	誤	誤	誤

問36　次の元素の周期表に関する記述の正誤について、**正しい組み合わせ**を1つ選びなさい。

a　2族の元素は、すべてアルカリ土類金属である。
b　典型元素は、1族及び2族の元素のみである。
c　遷移元素は、3周期目からあらわれる。

	a	b	c
1	正	正	正
2	正	正	誤
3	誤	誤	正
4	正	誤	誤
5	誤	誤	誤

問37　次の記述の正誤について、**正しい組み合わせ**を1つ選びなさい。

a　エチレングリコールは2価アルコールである。
b　2－プロパノールの水溶液は酸性を示す。
c　2－ブタノールは第三級アルコールである。

	a	b	c
1	正	正	正
2	正	正	誤
3	誤	正	正
4	正	誤	誤
5	誤	誤	誤

問 38 2.24L のメタンを空気中で完全燃焼させたとき、水と二酸化炭素が生じた。このとき生じた水の質量として**正しいもの**を１つ選びなさい。
（原子量:H ＝ 1、C ＝ 12、O ＝ 16 とする。）

1 1.8 g   2 3.6 g   3 7.2 g   4 18 g   5 36 g

問 39 質量パーセント濃度が 4.0 ％の塩化カリウム水溶液の密度は 1.02g/cm³である。水溶液のモル濃度として**最も近い値**を１つ選びなさい。
（原子量:K ＝ 39.1、Cl ＝ 35.5 とする。）

1 0.41mol/L   2 0.55mol/L   3 1.02mol/L   4 4.08 mol/L
5 30.4mol/L

問 40 2.0×10^{-2}mol/L の希硫酸を完全に中和するのに 0.1mol/L の水酸化ナトリウム水溶液 4.0mL を要した。このとき中和した希硫酸の量として**正しいもの**を１つ選びなさい。ただし、希硫酸及び水酸化ナトリウム水溶液の電離度は１とする。

1 2.5mL   2 5 mL   3 10 mL   4 15mL   5 20 mL

実 地 編

〔毒物及び劇物の性質及び貯蔵
その他取扱方法、識別〕

関西広域連合統一共通〔滋賀県、京都府、大阪府、和歌山県、兵庫県、徳島県〕

【令和元年度実施】

（一般）

問36 次の製剤について、劇物に該当するものの正しい組合せを1～5から一つ選べ。

a 過酸化水素10％を含有する製剤
b 塩化水素10％を含有する製剤
c ホルムアルデヒド10％を含有する製剤
d 過酸化尿素10％を含有する製剤

1（a、b） 2（a、c） 3（b、c） 4（b、d） 5（c、d）

問37 次の物質について、毒物に該当するものの正しい組合せを1～5から一つ選べ。

a モノクロル酢酸 b トルイジン c ヒドラジン
d アリルアルコール

1（a、b） 2（a、c） 3（b、c） 4（b、d） 5（c、d）

問38 弗化水素の廃棄方法として、最も適切なものを1～5から一つ選べ。

1 多量の水酸化ナトリウム水溶液（20W/V％以上）に吹き込んだのち、多量の水で希釈して活性汚泥槽で処理する。
2 多量の水酸化ナトリウム水溶液（20W/V％以上）に吹き込んだのち、高温加圧下で加水分解する。
3 多量の次亜塩素酸ナトリウムと水酸化ナトリウムの混合水溶液に吹き込んで吸収させ、酸化分解した後、過剰の次亜塩素酸ナトリウムをチオ硫酸ナトリウム水溶液等で分解し、希硫酸を加えて中和し、硫化ナトリウム水溶液を加えて沈殿させ、ろ過して埋立処分する。
4 多量の消石灰（水酸化カルシウム）水溶液中に吹き込んで吸収させ、中和し（中和時のpHは、8.5以上とする）、沈殿ろ過して埋立処分する。
5 多量の次亜塩素酸ナトリウムと水酸化ナトリウムの混合水溶液中に徐々に 吹き込んでガスを吸収させ、酸化分解した後、多量の水で希釈して処理する。

問39 黄燐の貯蔵方法として、最も適当なものを1～5から一つ選べ。

1 少量ならば共栓ガラス瓶を用い、多量ならばブリキ缶を使用し、木箱に入れて貯蔵する。
2 少量ならばガラス瓶、多量ならばブリキ缶又は鉄ドラム缶を用い、酸類とは離して風通しのよい乾燥した冷所に密栓して貯蔵する。
3 ケロシンなど酸素を含まない液体中に貯蔵する。
4 水中に沈めて瓶に入れ、さらに砂を入れた缶中に固定して冷暗所に貯蔵する。
5 金属容器は避け、可燃性の物質とは離して、乾燥している冷暗所に密栓して貯蔵する。

問 40　クロロプレン(別名2−クロロ−1，3ブタジエン)に関する記述の正誤に ついて、正しい組合せを下表から一つ選べ。

a　重合防止剤を加えて窒素置換し遮光して冷所に貯蔵する。
b　火災の際には、有毒な塩化水素ガスを発生するので注意する。
c　廃棄方法は、木粉(おが屑)等の可燃物に吸収させ、スクラバーを具備した焼却炉で少量ずつ燃焼させる。

	a	b	c
1	正	正	誤
2	正	正	正
3	誤	正	正
4	正	誤	誤
5	誤	誤	正

問 41　着火時の措置に関する記述について、最も適当な物質の組合せを下表から一つ選べ。

a　十分な水を用いて消火する。
b　高圧ボンベに着火した場合には消火せずに燃焼させる。
c　粉末消火剤(金属火災用)、乾燥した炭酸ナトリウム又は乾燥砂等で物質が露出しないように完全に覆い消火する。

	a	b	c
1	水素化アンチモン	ナトリウム	二硫化炭素
2	水素化アンチモン	二硫化炭素	ナトリウム
3	二硫化炭素	水素化アンチモン	ナトリウム
4	ナトリウム	水素化アンチモン	二硫化炭素
5	二硫化炭素	ナトリウム	水素化アンチモン

問 42　S−メチル−N−［(メチルカルバモイル)−オキシ］−チオアセトイミデート(別名メトミル、メソミル)の性状及び用途に関する記述について、正しい組合せを下表から一つ選べ。

	物質	用途
1	白色粉末	農業用の殺虫剤
2	白色粉末	農業用の除草剤
3	無色透明の液体	農業用の殺虫剤
4	無色透明の液体	農業用の殺菌抗生物質
5	白色粉末	農業用の殺菌抗生物質

問 43　亜塩素酸ナトリウムの化学式と主な用途について、正しい組合せを下表から一つ選べ。

	化学式	主な用途
1	$NaClO$	漂白剤
2	$NaClO_2$	除草剤
3	$NaClO_3$	漂白剤
4	$NaClO$	除草剤
5	$NaClO_2$	漂白剤

問 44 劇物とその毒性に関する記述の正誤について、正しい組合せを下表から一つ選べ。

劇 物	毒性
a メタノール	― 皮膚に触れると激しい火傷(薬傷)を起こす。
b 沃素(よう)	― 揮散する蒸気を吸入すると、めまいや頭痛を伴う一種の酩酊(めいてい)を起こす。
c 蓚酸(しゅう)	― 血液中のカルシウム分を奪取し、神経系を侵す。

	a	b	c
1	誤	正	正
2	正	正	誤
3	正	誤	正
4	正	正	正
5	誤	誤	誤

問 45 漏えい時の措置に関する記述について、最も適当な物質の組合せを下表から一つ選べ。
　　なお、漏えいした場所の周辺にはロープを張るなどして人の立ち入りを禁止する、作業の際には保護具を着用する、風下で作業しないなどの措置を行っているものとする。

a　飛散したものは空容器にできるだけ回収し、そのあとを多量の水を用いて洗い流す。
b　飛散したものは空容器にできるだけ回収し、そのあとを硫酸ナトリウムの水溶液を用いて処理し、多量の水を用いて洗い流す。
c　漏えいした液は土砂等でその流れを止め、安全な場所に導き、できるだけ 空容器に回収し、そのあとを徐々に注水してある程度希釈した後、消石灰(水酸化カルシウム)等の水溶液で処理し、多量の水を用いて洗い流す。発生するガスは霧状の水をかけて吸収させる。

	a	b	c
1	硅弗化水素酸(けいふつ)	硅弗化ナトリウム(けいふつ)	硝酸バリウム
2	硅弗化ナトリウム(けいふつ)	硝酸バリウム	硅弗化水素酸(けいふつ)
3	硝酸バリウム	硅弗化水素酸(けいふつ)	硅弗化ナトリウム(けいふつ)
4	硝酸バリウム	硅弗化ナトリウム(けいふつ)	硅弗化水素酸(けいふつ)
5	硅弗化水素酸(けいふつ)	硝酸バリウム	硅弗化ナトリウム(けいふつ)

問 46 亜硝酸カリウムに関する記述について、正しいものを1〜5から一つ選べ。

1　無色透明の油状の液体である。　　2　潮解性がある。
3　アルコールに易溶である。　　　　4　水に不溶である。
5　木材、食品の漂白に用いられる。

問 47 アニリンに関する記述について、正しいものを1〜5から一つ選べ。

1　本品の水溶液にさらし粉を加えると黄色を呈する。
2　白色結晶性の粉末である。
3　空気に触れて赤褐色を呈する。
4　水に易溶である。
5　冷凍用寒剤に用いられる。

問 48 水酸化ナトリウムに関する記述について、正しいものの組合せを1〜5から一つ選べ。

a 無色液体である。
b 水と二酸化炭素を吸収する性質が強い。
c 炎色反応は黄色を呈する。
d 水に難溶である。

1(a、b) 2(a、c) 3(b、c) 4(b、d) 5(c、d)

問 49 塩化亜鉛に関する記述について、正しいものの組合せを1〜5から一つ選べ。

a 淡赤色結晶である。
b 潮解性がある。
c 本品の水溶液に硝酸銀を加えると、白色の硝酸亜鉛が沈殿する。
d アルコールに可溶である。

1(a、b) 2(a、c) 3(b、c) 4(b、d) 5(c、d)

問 50 蓚酸の識別方法に関する記述について、正しいものを1〜5から一つ選べ。

1 本品の水溶液にさらし粉を加えると黄色を呈する。
2 本品の希釈水溶液に塩化バリウムを加えると白色の沈殿を生ずるが、この沈殿は塩酸や硝酸に溶けない。
3 本品の水溶液に硝酸バリウムを加えると白色沈殿を生ずる。
4 本品の水溶液にアンモニア水を加えると紫色の蛍石彩を放つ。
5 本品の水溶液は過マンガン酸カリウム溶液の赤紫色を消す。

（農業用品目）

問 36 次の製剤について、劇物に該当するものの正しい組合せを1〜5から一つ選べ。

a O−エチル−O−(2−イソプロポキシカルボニルフエニル)− N −イソプロピルチオホスホルアミド(別名イソフエンホス)5％を含有する製剤
b アバメクチン5％を含有する製剤
c エチレンクロルヒドリン5％を含有する製剤
d エチルパラニトロフエニルチオノベンゼンホスホネイト(別名 EPN) 5％を含有する製剤

1(a、b) 2(a、c) 3(b、c) 4(b、d) 5(c、d)

問 37 次の毒物又は劇物について、毒物劇物農業用品目販売業者が販売できるものの正しい組合せを1〜5から一つ選べ。

a チオセミカルバジド b ペンタクロルフエノール(別名 PCP)
c 硫酸 d ニコチン

1(a、b) 2(a、c) 3(b、c) 4(b、d) 5(c、d)

問 38　次の物質とその廃棄方法の組合せとして、不適切なものを1～5から一つ選べ。

	物質	廃棄方法
1	2－イソプロピル－4－メチルピリミジル－6－ジエチルチオホスフエイト(別名ダイアジノン)	木粉(おが屑)等に吸収させてアフターバーナー及びスクラバーを具備した焼却炉で焼却する。
2	エチレンクロルヒドリン	可燃性溶剤とともに、スクラバーを具備した焼却炉で焼却する。
3	燐化亜鉛	多量の次亜塩素酸ナトリウムと水酸化ナトリウムの混合水溶液を攪拌しながら少量ずつ加えて酸化分解する。過剰の次亜塩素酸ナトリウムをチオ硫酸ナトリウム水溶液等で分解した後、希硫酸を加えて中和し、沈殿ろ過して埋立処分する。
4	塩素酸ナトリウム	酸化剤の水溶液の中に少量ずつ投入した後、多量の水で希釈して処理する。
5	アンモニア	水で希薄な水溶液とし、希塩酸などで中和した後、多量の水で希釈して処理する。

問 39　ロテノンの貯蔵方法として、最も適当なものを1～5から一つ選べ。
1　常温では気体なので、圧縮冷却して液化し、圧縮容器に入れ、冷暗所に貯蔵する。
2　水分の混入や火気を避け、通常石油中に貯蔵する。
3　炭酸ガスを吸収する性質が強いので、密栓して貯蔵する。
4　酸素によって分解し、効力を失うので、空気と光を遮断して貯蔵する。
5　空気や光に触れると赤変するので、遮光して貯蔵する。

問 40　シアン化ナトリウムの貯蔵方法及び廃棄方法に関する記述について、正しいものの組合せを1～5から一つ選べ。
a　酸類とは離して、空気の流通のよい乾燥した冷所に密封して貯蔵する。
b　揮発性が強く窒息性、刺激臭のある液体であるため、ガラス密閉容器に貯蔵する。
c　水に溶かし、希硫酸を加えて酸性にし、多量の水で希釈して廃棄する。
d　水酸化ナトリウム水溶液等でアルカリ性とし、高温加圧下で加水分解して廃棄する。

　1(a、c)　　2(a、d)　　3(b、c)　　4(b、d)　　5(c、d)

問 41　トランス－N－(6－クロロ－3－ピリジルメチル)－N'－シアノ－N－メチルアセトアミジン(別名アセタミプリド)に関する記述について、正しいものの組合せを1～5から一つ選べ。
a　特異臭のある無色の液体である。
b　アセトン、エタノール、クロロホルム等の有機溶媒に可溶である。
c　果菜類のアブラムシ類などの害虫に有効なネオニコチノイド系殺虫剤である。
d　眼や皮膚に対する刺激性が強い。

　1(a、b)　　2(a、c)　　3(b、c)　　4(b、d)　　5(c、d)

問 42 1・1'－イミノジ(オクタメチレン)ジグアニジン(別名イミノクタジン)に
関する記述の正誤について、正しい組合せを下表から一つ選べ。

a 三酢酸塩の場合、黄色粉末である。
b 果樹の腐らん病、麦類の斑葉病等に用いる殺菌剤である。
c 嚥下吸入した場合、胃及び肺で胃酸や水と反応してホス
フィンを生成し中毒を起こす。

	a	b	c
1	誤	正	誤
2	誤	誤	正
3	正	誤	正
4	正	正	誤
5	誤	正	正

問 43 次の記述について、( )の中に入れるべき字句の正しい組合せを下表から一つ
選べ。

3－ジメチルジチオホスホリル－S－メチル－5－メトキシ－1・3・4 －チア
ジアゾリン－2－オン(別名メチダチオン、DMTP)は、(a)の結晶で、水に難溶
である。 果樹の(b)などの防除に用いられる(c)殺虫剤である。

	a	b	c
1	灰白色	ハダニ類	有機燐系
2	赤褐色	ハダニ類	カーバメート系
3	灰白色	カイガラムシ類	カーバメート系
4	赤褐色	カイガラムシ類	カーバメート系
5	灰白色	カイガラムシ類	有機燐系

問 44 次の記述に該当する物質について、最も適当なものを1～5から一つ選べ。

　　白色の結晶性粉末。粉剤として除草に用いる。

1 2－チオ－3・5－ジメチルテトラヒドロ－1・3・5－チアジアジン
(別名ダゾメット)
2 ジメチル－(N－メチルカルバミルメチル)－ジチオホスフエイト
(別名ジメトエート)
3 2・2'－ジピリジリウム－1・1'－エチレンジブロミド(別名ジクワット)
4 2－ジフエニルアセチル－1・3－インダンジオン(別名ダイファシノン)　5
ジエチル―S―(エチルチオエチル)―ジチオホスフエイト
(別名エチルチオメトン、ジスルホトン)

問 45 次の記述に該当する物質について、最も適当なものを1～5から一つ選べ。

　　[毒性等]
　　激しい嘔吐、胃の疼痛、意識混濁、てんかん性痙攣、徐脈、チアノーゼが起こ
り、血圧が下降する。
　　毒性が強いため、特定毒物に指定されている。

1 2－イソプロピル－4－メチルピリミジル－6－ジエチルチオホスフエイト
(別名ダイアジノン)
2 モノフルオール酢酸ナトリウム
3 硫酸タリウム
4 ジメチル－2・2－ジクロルビニルホスフエイト(別名 DDVP)
5 シアン化カリウム

問46 ～問50　次の物質について、正しい組合せを1～5から一つ選べ。

問46　塩化亜鉛(別名クロル亜鉛)

	性状	溶解性	その他特徴
1	褐色結晶	水に難溶	風解性
2	白色結晶	水に可溶	潮解性
3	白色結晶	水に難溶	風解性
4	褐色結晶	水に可溶	潮解性
5	白色結晶	水に可溶	風解性

問47　エチルパラニトロフエニルチオノベンゼンホスホネイト(別名 EPN)

	溶解性	製剤の特徴	用途
1	水に可溶	無臭	除草剤
2	水に難溶	不快臭	除草剤
3	水に難溶	不快臭	殺虫剤
4	水に可溶	不快臭	殺虫剤
5	水に可溶	無臭	殺虫剤

問48　テトラエチルメチレンビスジチオホスフエイト(別名エチオン)

	性状	溶解性	その他特徴
1	液体	水に可溶	不揮発性
2	固体	水に不溶	揮発性
3	液体	水に不溶	不揮発性
4	固体	水に可溶	揮発性
5	液体	水に不溶	揮発性

問49　硫酸タリウム

	性状	溶解性	用途
1	無色液体	水に可溶	殺鼠剤
2	無色液体	水に難溶、熱水に可溶	殺虫剤
3	赤褐色結晶	水に難溶、熱水に可溶	殺鼠剤
4	無色結晶	水に難溶、熱水に可溶	殺鼠剤
5	無色結晶	水に可溶	殺虫剤

問50　ヘキサクロルヘキサヒドロメタノベンゾジオキサチエピンオキサイド
　　　(別名エンドスルファン、ベンゾエピン)

	性状	溶解性	その他特徴
1	無色液体	水に不溶	水質汚濁性
2	無色液体	水に可溶	土壌残留性
3	黄色結晶	水に不溶	土壌残留性
4	白色結晶	水に可溶	水質汚濁性
5	白色結晶	水に不溶	水質汚濁性

（特定品目）

問36 次の製剤について、劇物に該当するものを1～5から一つ選べ。

1 塩化水素5％を含有する製剤
2 過酸化水素10％を含有する製剤
3 メタノール5％を含有する製剤
4 水酸化カルシウム10％を含有する製剤
5 硝酸10％を含有する製剤

問37 次の物質について、劇物に該当しないものを1～5から一つ選べ。

1 硅弗化ナトリウム　　　2 酸化鉛　　　3 重クロム酸ナトリウム
4 メチルエチルケトン　　　5 酢酸メチル

問38 クロロホルムに関する記述について、誤っているものを1～5から一つ選べ。

1 無色の液体で特異臭を有する。
2 空気中で日光の作用を受けると分解して、塩素、塩化水素、ホスゲン等を生成する。
3 強い麻酔作用がある。
4 貯蔵は冷暗所で行い、変質を避けるために少量の酸を添加する。
5 廃棄する場合は、過剰の可燃性溶剤又は重油等の燃料とともに、アフター バーナー及びスクラバーを具備した焼却炉の火室へ噴霧してできるだけ高温で焼却する。

問39 ホルムアルデヒド水溶液(ホルマリン)の廃棄方法に関する記述について、（　）に入れるべき字句の正しい組合せを下表から一つ選べ。

ア　多量の水を加えて希薄な水溶液とした後、（ a ）を加えて分解させ廃棄する。
イ　水酸化ナトリウム水溶液等でアルカリ性とし、（　b ）を加えて分解させ、多量の水で希釈して処理する

	a	b
1	塩化アンモニウム水溶液	次亜塩素酸塩水溶液
2	次亜塩素酸塩水溶液	塩化アンモニウム水溶液
3	過酸化水素水	次亜塩素酸塩水溶液
4	次亜塩素酸塩水溶液	過酸化水素水
5	塩化アンモニウム水溶液	過酸化水素水

問40 水酸化ナトリウムに関する記述について、誤っているものを1～5から一つ選べ。

1 腐食性が強いので、皮膚に触れると激しく侵す。
2 水や酸素を吸収する性質が強いため、密栓して貯蔵する。
3 本品の水溶液は、アルカリ性を示す。
4 本品の水溶液は、アルミニウムを腐食して水素ガスを発生させる。
5 廃棄する場合は、水を加えて希薄な水溶液とし、酸で中和させた後、多量の水で希釈して処理する。

問41 塩化水素と四塩化炭素の廃棄方法について、正しい組合せを下表から一つ選べ。

	塩化水素	四塩化炭素
1	還元法	燃焼法
2	還元法	中和法
3	中和法	燃焼法
4	中和法	沈殿法
5	沈殿法	中和法

問42 酢酸エチルの性状について、最も適当なものを1〜5から一つ選べ。

1 無色で果実のような香りのある可燃性の液体である。
2 無色で麻酔性の香気とかすかな甘味を有する不燃性の液体である。
3 特有の刺激臭を有する無色の気体である。
4 無色透明で刺激臭を有する発煙性の液体である。
5 芳香族炭化水素特有の臭いを有する無色の液体である。

問43 トルエンの貯蔵方法に関する記述の正誤について、正しい組合せを下表から一つ選べ。

a ガラスを侵す性質があるため、ポリエチレン容器で貯蔵する。
b 引火しやすく、またその蒸気は空気と混合して爆発性混合ガスとなるので、火気に近づけないよう貯蔵する。
c 少量のアルコールを加えて密栓し、常温で貯蔵する。

	a	b	c
1	正	誤	誤
2	誤	誤	正
3	正	誤	正
4	正	正	正
5	誤	正	誤

問44 ホルムアルデヒド水溶液(ホルマリン)に関する記述について、誤っているものを1〜5から一つ選べ。

1 空気中の酸素によって一部酸化され、酢酸を生じる。
2 催涙性のある無色透明な液体で、刺激臭を有する。
3 アンモニア水を加え、さらに硝酸銀を加えると銀を析出する。
4 フェーリング溶液と熱すると、赤色の沈殿を生じる。
5 中性又は弱酸性を示す。

問45 水酸化カリウムの性状に関する記述の正誤について、正しい組合せを下表から一つ選べ。

a 白色の固体である。
b 炎色反応は黄色を呈する。
c 潮解性がある。

	a	b	c
1	正	正	誤
2	正	誤	正
3	正	誤	誤
4	誤	正	正
5	誤	誤	正

問46　塩素に関する記述について、誤っているものを1～5から一つ選べ。

1　黄緑色の気体で、水にわずかに溶ける。
2　可燃性を有する。
3　アセチレンと爆発的に反応する。
4　多量に吸入した場合は、重篤な症状が起こる。
5　廃棄する場合は、多量のアルカリ水溶液中に吹き込んだ後、多量の水で希釈して処理する。

問47　物質の性状に関する記述の正誤について、正しい組合せを下表から一つ選べ。

a　四塩化炭素は、水に難溶でエーテル、クロロホルムに可溶であり、可燃性の無色の液体である。
b　メタノールは、特異な香気を有し、水、クロロホルム、エーテルと任意の割合で混和する。
c　キシレンは、無色透明の液体であるが、パラキシレンは、冬季に固結することがある。

	a	b	c
1	誤	正	誤
2	正	誤	誤
3	誤	正	正
4	誤	誤	正
5	正	正	誤

問48　次の記述について、正しいものの組合せを1～5から一つ選べ。

a　濃硫酸は比重が極めて大きく、ショ糖や木片に触れると炭化・黒変させ、銅片を加えて熱すると無水硫酸を生成する。
b　硫酸の希釈水溶液に塩化バリウムを加えると白色の沈殿を生じるが、この沈殿は硝酸に不溶である。
c　蓚酸の水溶液は、過マンガン酸カリウム溶液の赤紫色を消す。
d　蓚酸の水溶液をアンモニア水で弱アルカリ性にして塩化カルシウムを加えると、赤色を呈する。

1（a、b）　2（a、c）　3（b、c）　4（b、d）　5（c、d）

問49　クロム酸塩の水溶液に関する記述の正誤について、正しい組合せを下表から一つ選べ。

a　硝酸バリウムの添加で、赤色の沈殿を生じる。
b　酢酸鉛の添加で、黄色の沈殿を生じる。
c　硝酸銀の添加で、赤褐色の沈殿を生じる。

	a	b	c
1	正	正	誤
2	正	誤	正
3	正	誤	誤
4	誤	正	正
5	誤	誤	正

問50　次の記述について、正しいものの組合せを1～5から一つ選べ。

a　酸化第二水銀は、赤色又は黄色の粉末で、水、酸、アルカリに難溶である。
b　アンモニアは、水に可溶であるが、エーテルには不溶である。
c　塩化水素は、湿った空気中で激しく発煙する。
d　過酸化水素水は、過マンガン酸カリウムを還元する。

1（a、b）　2（a、c）　3（b、c）　4（b、d）　5（c、d）

〔取扱・実地編〕

奈良県

（一般）

問41 ぎ酸に関する記述の正誤について、**正しいものの組み合わせ**を1つ選びなさい。

a 無色の刺激性の強い液体である。
b 特定毒物に指定されている。
c 還元性が強い。
d 分子式は $C_2H_2O_4$ である。

　1（a、b）　　　2（a、c）　　　3（b、d）　　　4（c、d）

問42 四エチル鉛に関する記述の正誤について、**正しいものの組み合わせ**を1つ選びなさい。

a 無色無臭の揮発性液体である。
h 比較的安定な物質である。
c 引火性があり、金属に対して腐食性がある。
d 分子式は $C_8H_{20}Pb$ であり、別名エチル液である。

　1（a、b）　　　2（a、c）　　　3（b、d）　　　4（c、d）

問43～47 次の物質の性状について、**最も適当なもの**を1つずつ選びなさい。

　問43　アジ化ナトリウム
　問44　ジメチル－2・2－ジクロルビニルホスフエイト（別名：DDVP）
　問45　硝酸ストリキニーネ
　問46　燐化水素
　問47　沃化メチル

1 微臭を有し、揮発性のある無色油状の液体で、一般の有機溶媒に可溶である。水には溶けにくい。
2 無色の針状結晶で、水、エタノール、グリセリン、クロロホルムに可溶。エーテルに不溶。
3 無色無臭の結晶で、アルコールに難溶、エーテルに不溶。
4 無色、腐魚臭の気体。水に難溶。エタノール、エーテルに可溶。
5 無色または淡黄色透明の液体で、空気中で光により一部分解して褐色になる。

問48～51 次の物質の毒性について、**最も適当なもの**を1つずつ選びなさい。

　問48　アクロレイン　　　　　問49　シアン化水素　　　　　問50　トルイジン
　問51　燐化亜鉛

1 極めて猛毒で、希薄な蒸気でも吸人すると呼吸中枢を刺激し、次いで麻痺させる。
2 嚥下吸入すると、胃及び肺で胃酸や体内の水と反応して毒性を呈する。吸入した場合、頭痛、吐き気、嘔吐、悪寒、めまいなどの中毒症状を起こす。重症な場合には、肺水腫、呼吸困難、昏睡を起こす。
3 眼と呼吸器系を激しく刺激し、催涙性がある。気管支カタルや結膜炎を起こす。
4 メトヘモグロビン形成能があり、チアノーゼ症状を起こす。頭痛、疲労感、呼吸困難、精神障害、腎臓や膀胱の機能障害による血尿をきたす。

問52～55 次の毒物または劇物の用途として、**最も適当なもの**を1つずつ選びなさい。

問52 アクリルアミド　　　問53 ジメチルアミン　　　問54 水銀

問55 フェノール

1 グアヤコールなど種々の医薬品及び染料の製造原料として用いられるほか、防腐剤、ベークライト、人造タンニンの原料、試薬などにも使用される。
2 界面活性剤原料等に使用される。
3 工業用として寒暖計、気圧計その他の理化学機械、整流器等に使用される。
4 反応開始剤及び促進剤と混合し地盤に注入し、土木工事用の土質安定剤として用いるほか、水処理剤、紙力増強剤、接着剤等に用いられる物質の原料として使用する。

問56 物質の保管方法に関する記述について、**正しい組み合わせ**を1つ選びなさい。

a クロロホルムは、少量のアルコールを加えて分解を防ぎ冷暗所に貯蔵する。
b 三酸化二砒素は、ガラス瓶を腐食させるので、少量ならば金属の容器に密栓して保管する。
c ナトリウムは、空気中にそのまま蓄えることができないので、通常石油中に貯蔵する。
d 二硫化炭素は、日光の直射を受けない冷所に、可燃性、発熱性、自然発火性のものから十分に引き離して貯蔵する。

	a	b	c	d
1	正	誤	正	正
2	誤	正	誤	正
3	正	誤	正	誤
4	誤	誤	誤	正
5	正	正	正	誤

問57～60 次の物質の漏えい又は飛散した場合の措置として、**最も適当なもの**を1つずつ選びなさい。

問57 2－イソプロピル－4－メチルピリミジル－6－ジエチルチオホスフエイト(別名：ダイアジノン)
問58 過酸化ナトリウム(別名：二酸化ナトリウム)
問59 エチレンオキシド(別名：酸化エチレン)
問60 砒酸

1 付近の着火源となるものを速やかに取り除く。漏えいした液は土砂等でその流れを止め、安全な場所に導き、空容器にできるだけ回収する。そのあとを水酸化カルシウム等の水溶液を用いて処理し、中性洗剤等の界面活性剤を使用し、多量の水で洗い流す。
2 付近の着火源となるものを速やかに取り除く。作業の際には必ず人口呼吸器その他の保護具を着用し、風下で作業しない。漏えいしたボンベ等を多量の水に容器ごと投入して気体を吸収させ、処理し、その処理液を多量の水で希釈して流す。
3 飛散したものは、空容器にできるだけ回収する。回収したものは、発火のおそれがあるので速やかに多量の水に溶かして処理する。回収したあとは、多量の水で洗い流す。
4 飛散したものは、空容器にできるだけ回収し、そのあとを硫酸鉄(Ⅲ)等の水溶液を散布し、水酸化カルシウム、炭酸ナトリウム等の水溶液を用いて処理した後、多量の水で洗い流す。

（農業用品目）

問 41　次の物質のうち、農業用品目販売業者が**販売できないもの**を1つ選びなさい。

1　塩化亜鉛　　　2　クロロ酢酸ナトリウム　　　3　シアン化ナトリウム
4　沃化メチル　　　5　燐化亜鉛

問 42 ～ 44　次の物質を含有する製剤で、劇物としての指定から除外される上限濃度について、**正しいもの**を1つずつ選びなさい。

問 42　O－エチル＝1－メチルプロピル＝（2－オキソ－3－チアゾリジニル）ホS－スホノチオアート（別名：ホスチアゼート）
問 43　エマメクチン
問 44　5－メチル－1・2・4－トリアゾロ〔3・4－b〕ベンゾチアゾール（別名：トリシクラゾール）

1　1%　　　2　1.5%　　　3　2%　　　4　8%　　　5　10%

問 45 ～ 47　次の物質の漏えい又は飛散した場合の措置として、**最も適当なもの**を1つずつ選びなさい。

問 45　ブロムメチル
問 46　S－メチル－N－〔（メチルカルバモイル）－オキシ〕－チオアセトイミデート（別名：メトミル）
問 47　燐化アルミニウムとその分解促進剤とを含有する製剤

1　飛散したものの表面を速やかに土砂等で覆い、密閉可能な空容器に回収して密閉する。汚染された土砂等も同様な措置をし、そのあとを多量の水で洗い流す。
2　飛散したものは空容器にできるだけ回収し、そのあとを水酸化カルシウム等の水溶液を用いて処理し、多量の水で洗い流す。
3　飛散したものは空容器にできるだけ回収し、そのあとを硫酸鉄（III）等の水溶液を散布し、水酸化カルシウム、炭酸ナトリウム等の水溶液を用いて処理した後、多量の水で洗い流す。
4　漏えいした液が多量の場合は、土砂等でその流れを止め、液が広がらないようにして蒸発させる。

問 48　クロルピクリンに関する記述について、**正しいものの組み合わせ**を1つ選びなさい。

a　アルコールに溶けない。
b　主に除草剤として用いられる。
c　金属腐食性が大きい。
d　吸入した場合、気管支を刺激してせきや鼻汁が出る。多量に吸入すると、胃腸炎、肺炎、尿に血が混じる。

1（a、b）　　　2（a、c）　　　3（b、d）　　　4（c、d）

問 49　ジエチル－（5－フエニル－3－イソキサゾリル）－チオホスフエイト（別名：イソキサチオン）に関する記述について、**正しいものの組み合わせ**を1つ選びなさい。

a　水に溶けやすい。
b　主に除草剤として用いられる。
c　解毒剤として、硫酸アトロピン製剤、2－ピリジルアルドキシムメチオダイド（別名：PAM）が用いられる。
d　劇物（2%以下を含有するものを除く）である。

1（a、b）　　　2（a、c）　　　3（b、d）　　　4（c、d）

問 50 ～ 53　次の物質の廃棄方法について、**最も適当なもの**を1つずつ選びなさい。

　　　問 50　アンモニア水
　　　問 51　塩素酸カリウム
　　　問 52　ジメチル－2・2－ジクロルビニルホスフエイト(別名：DDVP)
　　　問 53　硫酸

1　徐々に石灰乳などの攪拌溶液に加え中和させた後、多量の水で希釈して処理する。
2　水で希薄な水溶液とし、酸で中和させた後、多量の水で希釈して処理する。
3　おが屑等に吸収させてアフターバーナー及びスクラバーを備えた焼却炉で焼却する。
4　還元剤の水溶液に希硫酸を加えて酸性にし、この中に少量ずつ投入する。反応終了後、反応液を中和し多量の水で希釈して処理する。
5　ナトリウム塩とした後、活性汚泥で処理する。

問 54 ～ 57　次の物質の用途について、**最も適当なもの**を1つずつ選びなさい。

　　　問 54　エチルジフエニルジチオホスフエイト
　　　問 55　塩素酸ナトリウム
　　　問 56　2－ジフエニルアセチル－1・3－インダンジオン
　　　問 57　2・3・5・6－テトラフルオロ－4－メチルベンジル＝(Z)－(1RS・3RS)－3－(2－クロロ－3・3・3－トリフルオロ－1－プロペニル)－2・2－ジメチルシクロプロパンカルボキシラート(別名：テフルトリン)

1　殺鼠剤　　　2　除草剤　　　3　殺菌剤
4　野菜等のコガネムシ類、ネキリムシ類などの土壌害虫の防除
5　接触性殺虫剤

問 58 ～ 60　次の物質の毒性について、**最も適当なもの**を1つずつ選びなさい。

　　　問 58　無機銅塩類
　　　問 59　モノフルオール酢酸ナトリウム
　　　問 60　硫酸タリウム

1　猛烈な神経毒であり、急性中毒では、よだれ、吐気、悪心、嘔吐があり、次いで脈拍緩徐不整となり、発汗、瞳孔縮小、意識喪失、呼吸困難、痙攣をきたす。慢性中毒では、咽頭、喉頭などのカタル、心臓障害、視力減弱、めまい、動脈硬化などをきたし、ときに精神異常を引き起こす。
2　激しい嘔吐、胃の疼痛、意識混濁、てんかん性痙攣、脈拍の緩徐、チアノーゼ、血圧下降。心機能の低下により死亡する場合もある。
3　疝痛、嘔吐、振戦、痙攣、麻痺等の症状に伴い、次第に呼吸困難となり、虚脱症状となる。
4　中毒では、緑色または青色のものを吐く。のどが焼けるように熱くなり、よだれが流れ、また、しばしば痛む。急性の胃腸カタルを起こすとともに血便を出す。

（特定品目）
問 41 ～ 48　次の物質について、性状を A 欄から、鑑識法を B 欄から、**それぞれ最も適当なものを 1 つずつ選びなさい。**

	性　状	鑑識法
水酸化カリウム	問 41	問 45
蓚 酸 しゅう	問 42	問 46
一酸化鉛	問 43	問 47
硫酸	問 44	問 48

【A 欄】
1　無色透明な油様の液体で、水と急激に接触すると多量の熱を生成する。
2　無色、稜柱状の結晶で、加熱すると昇華する。エーテルに難溶。
3　白色の固体で、水、アルコールには熱を発して溶けるが、アンモニア水には溶けない。
4　重い粉末で黄色から赤色までのものがあり、赤色粉末を 720 ℃以上に加熱すると黄色に変化する。

【B 欄】
1　水溶液に酒石酸溶液を過剰に加えると、白色結晶性の沈殿を生成する。また、塩酸を加えて中性にした後、塩化白金溶液を加えると、黄色結晶性の沈殿を生成する。
2　希釈水溶液に塩化バリウムを加えると、白色の沈殿を生成する。この沈殿は塩酸や硝酸に溶けない。
3　希硝酸に溶かすと、無色の液となり、これに硫化水素を通すと、黒色の沈殿を生成する。
4　水溶液を酢酸で弱酸性にして酢酸カルシウムを加えると、結晶性の沈殿を生成する。

問 49 ～ 52　次の物質の漏えい又は飛散した場合の措置として、**最も適当なものを 1 つずつ選びなさい。**

問 49　メチルエチルケトン　　問 50　塩素　　問 51　重クロム酸カリウム
問 52　硝酸

1　飛散したものは空容器にできるだけ回収し、そのあとを還元剤（硫酸第一鉄等）の水溶液を散布し、水酸化カルシウム、炭酸ナトリウム等の水溶液で処理した後、多量の水で洗い流す。
2　漏えい箇所や漏えいした液には水酸化カルシウムを十分に散布し、シート等を被せ、その上にさらに水酸化カルシウムを散布して吸収させる。多量にガスが噴出した場所には、遠くから霧状の水をかけて吸収させる。
3　少量の漏えいした液は土砂等で吸着させて取り除くか、またはある程度水で徐々に希釈した後、水酸化カルシウム、炭酸ナトリウム等で中和し、多量の水で洗い流す。多量の漏えいした液は土砂等でその流れを止め、これに吸着させるか、または安全な場所に導いて、遠くから徐々に注水してある程度希釈した後、水酸化カルシウム、炭酸ナトリウム等で中和し多量の水で洗い流す。
4　付近の着火源となるものを速やかに取り除く。多量の場合、漏えいした液は、土砂等でその流れを止め、安全な場所に導き、液の表面を泡で覆い、できるだけ空容器に回収する。

問 53 ～ 56　次の物質の廃棄方法について、**最も適当なもの**を 1 つずつ選びなさい。

問 53　硅弗化ナトリウム　　　問 54　キシレン

問 55　ホルマリン　　　　　　問 56　水酸化ナトリウム

1　木粉（おが屑）等に吸収させて焼却炉で焼却する。
2　水を加えて希薄な水溶液とし、酸で中和させた後、多量の水で希釈して処理する。
3　多量の水を加え希薄な水溶液とした後、次亜塩素酸塩水溶液を加え分解させ廃棄する。
4　水に溶かし、水酸化カルシウム等の水溶液を加えて処理した後、希硫酸を加えて中和し、沈殿ろ過して埋立処分する。

問 57 ～ 60　次の物質の人体に対する毒性について、**最も適当なもの**を 1 つずつ選びなさい。

問 57　過酸化水素　　　問 58　クロム酸カリウム　　　問 59　メタノール
問 60　酢酸エチル

1　神経細胞内でぎ酸が生成され、視神経が侵され、眼がかすみ、失明することがある。
2　水溶液、蒸気いずれも刺激性が強い。35 ％以上の水溶液は皮膚に水疱をつくりやすい。眼には腐食作用を及ぼす。
3　蒸気は粘膜を刺激し、持続的に吸入するときは肺、腎臓および心臓を障害する。
4　口と食道が赤黄色に染まり、のちに青緑色に変化する。腹部が痛くなり、緑色のものを吐き出し、血の混じった便をする。

解答・解説編
〔筆記〕
〔法規、基礎化学〕

〔法規編〕

関西広域連合統一共通〔滋賀県、京都府、大阪府、和歌山県、兵庫県、徳島県〕

【令和元年度実施】

（一般・農業用品目・特定品目共通）

【問1】　4
〔解説〕
　解答のとおり。

【問2】　2
〔解説〕
　放題3条の2第9項は、特定毒物の譲り渡しの限定。

【問3】　3
〔解説〕
　この設問は法第2条第1項→法別表第一→指定令第1条についてで、a と d が正しい。なお、塩化第一水銀を含有する製剤と塩化水素を含有する製剤は、劇物。

【問4】　3
〔解説〕
　この設問にある興奮、厳格又は麻酔の作用を有するものについては、法第3条の3→施行令第32条において、みだりに摂取し、若しくは吸入し、又はこれらの目的で所持してはならないものとして、①トルエン、②酢酸エチル、トルエン又はメタノールを含有する・シンナー、・接着剤、・塗料及び閉そく用又はシーリングの充てん剤である。なお、酢酸エチルについて単独ではこの規定に適用されない。

【問5】　2
〔解説〕
　この設問は法第4条の登録のこと。2が正しい。a が正しい。a については、法第23条の3→施行令第36条の7のこと。なお、b については、本社の所在地の都道府県知事ではなく、店舗ことに、その店舗の所在地の都道府県知事である。c は、毒物又は劇物の輸入業の登録は、6年ことではなく、5年ごとである。なお、この設問にある法第4条については、第8次地域一括法（平成30年6月27日法律第63号。）→施行は令和2月4月1日より同法第4条第3項が削られ、同法第4項が同法第3項となった。いわゆる今回の地方分権一括法で製造業又は輸入業の登録が従来の厚生労働大臣から都道府県知事へと委譲された。

【問6】　4
〔解説〕
　この設問で正しいのは、c のみである。この設問は販売品目の制限についてである。c は法第4条の3第2項→施行規則第4条の3→施行規則別表第二に掲げられている品目のみ。なお、a の一般販売業の登録を受けた者は、すべての毒物又は劇物を販売することができる。b の設問では、すべてとあるが法第4条の3第1項→施行規則第4条の2→施行規則別表第①に掲げられている品目のみである。

【問7】　1
〔解説〕
　　この設問はすべて正しい。施行規則第4条の4第1項の製造所等の設備基準のこと。
【問8】　5
〔解説〕
　　この設問は法第10条第1項についてで、30日以内に届け出なければならない。
【問9】　2
〔解説〕
　　この設問は法第3条の4で、引火性、発火性又は爆発性のある毒物又は劇物について政令で正当な理由を除いて所持してはならない。その品目とは→施行令第32条の3において、①亜塩素酸ナトリウム及びこれを含有する製剤30％以上、②塩素酸塩類及びこれを含有する製剤35％以上、③ナトリウム、④ピクリン酸である。このことからこの設問では、aとcが正しい。
【問10】　2
〔解説〕
　　この設問にある特定毒物〔モノフルオール酢酸アミドを含有する製剤〕の着色規定は、法第3条の2第9項→施行令第23条で青色に着色と規定されている。
【問11】　3
〔解説〕
　　この設問の法第11条第4項→施行規則第11条の4は飲食物容器使用禁止のこと。
【問12】　2
〔解説〕
　　毒物又は劇物である有機燐化合物を販売する際に、容器及び被包に表示しなければならない解毒剤とは、法第12条第2項第三号→施行規則第11条の5で、①2－ピリジルアルドキシムメチオダイド(別名 PAM)、②硫酸アトロピンの製剤のことである。
【問13】　4
〔解説〕
　　この設問は法第12条における毒物又は劇物の表示のことで、aとcである。なお、bは、黒地に白色をもってではなく、赤地に白色をもってである。法第12条第1項のこと。dは特定毒物とあるが、特定毒物も毒物に含まれるので、法第12条第1項のこと。
【問14】　1
〔解説〕
　　この設問は法第12条第2項で、毒物又は劇物の①名称、②成分及び含量。
【問15】　4
〔解説〕
　　この設問は着色する農業品目のことで、法第13条→施行令第39条において①硫酸タリウムを含有する製剤たる劇物、②燐化亜鉛を含有する製剤たる劇物について→施行規則第12条の規定で、あせにくい黒色で着色すると規定されている。
【問16】　3
〔解説〕
　　この設問は法第14条第2項のことで、一般人への譲渡する際に譲受人から提出を受ける書面事項とは、①毒物又は劇物の名称及び数量、②販売又は授与の年月

日、③譲受人の氏名、職業及び住所(法人の場合は、その名称及び主たる事務所の所在地)④譲受人が押印した書面である。なお、この設問では規定されていないものとあるので、3が該当する。

【問 17】　2
〔解説〕
　　解答のとおり。

【問 18】　1
〔解説〕
　　この設問は法第 15 条→施行令 40 条は、毒物又は劇物を廃棄する際の技術上の基準のこと。解答のとおり。

【問 19】　2
〔解説〕
　　この設問は法第 17 条における立入検査等のこと。a と c が正しい。なお、b について は、犯罪捜査上必要があるではなく、保健衛生上必要があるである。よって誤り。なお、同法第 17 条については、第 8 次地域一括法(平成 30 年 6 月 27 日法律第 63 号。)→施行は令和 2 年 4 月 1 日より法第 17 条は、法第 18 条となった。

【問 20】　3
〔解説〕
　　法第 22 条は業務上取扱者の届出のことで、a と d が正しい。業務上取扱者の届出は、法第 22 条第 1 項→施行令第 41 条及び同第 42 条に規定されている者である。

奈良県

（一般・農業用品目・特定品目共通）

問1　2

〔解説〕

　この設問の特定毒物であるモノフルオール酢酸アミドを含有する製剤を使用及び用途について施行令第22条で、①国、②地方公共団体、③農業協同組合及び農業者の組織団体であり、また用途は、かんきつ類、りんご、なし、桃又はかきの害虫の防除に限って都道府県知事の指定を受けた者と規定されている。この指定された者のことを特定毒物使用者という。解答のとおり。

問2　5

〔解説〕

　この設問では誤っているものはどれかとあるので、5が誤り。なお、特定毒物である四アルキル鉛を含有する製剤の着色基準の規定については、施行令第2条で、赤色、青色、緑色に着色との規定されている。

問3　1

〔解説〕

　この設問は法第3条の4で業務その他正当な理由を除いて所持してはならない品目として、施行令第32条の2で、①亜塩素酸ナトリウム及びこれを含有する製剤30％以上、②塩素酸塩類及びこれを含有する製剤35％以上、③ナトリウム、④ピクリン酸である。このことからこの設問ではaとbが該当する。

問4　4

〔解説〕

　この設問については法第4条の3第一項→施行規則第4条の2→施行規則別表第一に掲げられている品目のみが毒物劇物農業用品目販売業者が販売できる品目である。解答のとおり。

問5　2

〔解説〕

　この設問については法第4条の3第二項→施行規則第4条の3→施行規則別表第二に掲げられている品目のみが毒物劇物特定品目販売業者が販売できる品目である。解答のとおり。

問6　2

〔解説〕

　この設問では毒物劇物営業者における登録事項について、誤っていものはどれかとあるので、2が誤り。なお、このことは法第4条に基づいて法第6条で、①申請者の氏名及び住所(法人にあっては、その名称及び主たる事務所の所在地)、②製造業又は輸入業の登録にあっては、製造し、又は輸入しようとする毒物又は劇物の品目、③製造所、営業所又は店舗の所在地と規定されている。

問7　2

〔解説〕

　この設問で正しいのは、bとdである。bは法第4条第4項の登録の更新。(現行は法第4条第3項となる。平成30年6月27日法律第63号。施行令和2年4月

1日による。）　dは法第3条第3項ただし書規定において自ら製造した毒物及び劇物を販売することができる。設問のとおり。なお、aは内閣総理大臣ではなく厚生労働大臣。（現行は、第8次地域一括法（平成30年6月27日法律第63号。）→施行は令和2年4月1日で、都道府県知事へ移行された。）cの販売品目の種類は法第4条の2で、①一般販売業の登録、②農業用品目販売業の登録、③特定品目販売業の登録の3種類である。よってこの設問にある特定品目販売業の登録は規定されていない。

問8　4
〔解説〕
　この設問で正しいのは、dのみである。dの特定毒物を所持できるのは、法第3条の2第10項で、①毒物劇物営業者、②特定毒物研究者、③特定毒物使用者である。なお、aにある販売業の登録の種類にある特定品目とは、法第4条の3第2項→施行規則第4条の3→施行規則別表第二に掲げられている20品目のみで、この品目は劇物。bについては法第15条第1項第一号で18歳未満の者の交付してならないと規定されている。cについては、薬局開設者である薬剤師が新たに毒物又は劇物を販売する際には、法第4条に基づいて新たに販売業の登録を受けなければならない。

問9　4
〔解説〕
　解答のとおり。

問10　2
〔解説〕
　この設問で正しいのは、aとcである。aは法第8条第1項第一号のこと。cは法第7条第3項のこと。なお、bの一般毒物劇物取扱者試験に合格した者は、すべての製造所、営業所、店舗における毒物劇物取扱責任者になることができる。dは法第8条第2項第四号で、起算して5年を経過したではなく、起算して3年を経過していない者である。

問11　4
〔解説〕
　この設問は法第10条における届出のことで、正しいのは4である。なお、1と2については届け出を要しない。3は登録を受けた毒物又は劇物以外を製造した場合とあるので、法第9条第1項により、あらかじめ登録の変更をうけなければならないである。

問12　3
〔解説〕
　この設問は法第12条における毒物又は劇物の表示のことで正しいのは、bとdである。bは法第12条第1項のこと。dは法第12条第3項のこと。なお、aについては法第12条第2項で、①毒物又は劇物の名称、②毒物又は劇物の成分及びその含量、③有機燐化合物及びこれを含有する製剤たる毒物及び劇物については、解毒剤の名称を表示しなければならないである。cは法第12条第2項第三号で、中和剤の名称ではなく、解毒剤の名称である。

問13　2
〔解説〕
　この設問は法第12条第2項第四号→施行規則第11条の6第1項第四号で、①販売業者の氏名及び住所、③毒物劇物取扱責任者の氏名である。

問14　3
　　〔解説〕
　　　　解答のとおり。
問15　3
　　〔解説〕
　　　　ホルムアルデヒド 37 ％含有する液体状のものを 1 回につき車両で運搬する場
　　合、車両に備えなければならない防毒マスクについては、施行令第 40 条の 5 第 2
　　項第三号→施行規則第 13 条の 6 →施行規則別表第五で、有機ガス用防毒マスクを
　　備えなければならない。なお、この他に保護具として、①保護手袋、②保護長ぐ
　　つ、③保護衣である。
問16　3
　　〔解説〕
　　　　解答のとおり。
問17　2
　　〔解説〕
　　　　この設問は毒物又は劇物を販売し、又は授与する際に毒物劇物営業者は。譲受
　　人に対して情報提供しなければならない　　　　。その情報提供の内容について、
　　施行規則第 13 条の 12 で規定されている。解答のとおり。
問18　4
　　〔解説〕
　　　　この設問は毒物又は劇物を紛失した際の措置のことである。なお、この設問に
　　ある法第 16 条の 2 については、第 8 次地域一括法（平成 30 年 6 月 27 日法律第 63
　　号。）→施行は令和 2 月 4 月 1 日より、法第 16 条の 2 から同第 17 条となった。
問19　2
　　〔解説〕
　　　　解答のとおり。
問20　2
　　〔解説〕
　　　　この設問は業務上取扱者の届出をする事業者についてで、法第 22 条第 1 項→施
　　行令第 41 条及び同第 42 条のことであることから、この設問では、誤っているも
　　のはどれかとあるので 2 が誤り。 2 は鼠の防除を行う事業者ではなく、しろあり
　　を行う防除を行う事業者である。

〔基礎化学編〕

関西広域連合統一共通〔滋賀県、京都府、大阪府、和歌山県、兵庫県、徳島県〕

【令和元年度実施】

（一般・農業用品目・特定品目共通）

【問 21】 1

〔解説〕

　　解答のとおり

【問 22】 1

〔解説〕

　　窒素は直線型で三重結合をもつ。二酸化炭素も直線であり二重結合を 2 本持つ。

【問 23】 5

〔解説〕

　　硫酸は 1 分子で 2 つの水素イオンを出すことができる。

【問 24】 4

〔解説〕

　　メタンの分子量は 16 である。メタン 8 g のモル数は 0.5 mol であり、この化学反応式は　$CH_4 + 2O_2 \rightarrow CO_2 + 2H_2O$ である。メタン 0.5 mol が酸素と反応して生じる水のモル数は 1mol であるから、これに水の分子量 18 を乗じて、18 g となる。

【問 25】 1

〔解説〕

　　解答のとおり

【問 26】 3

〔解説〕

　　熱化学方程式では分数で係数が書かれることもある。

【問 27】 1

〔解説〕

　　平衡がどちらかに偏っている可能性があるので 2 の記述のような状態とは言えない。また、平衡は常に反応しており、見かけ上停止している状態である。

【問 28】 2

〔解説〕

　　解答のとおり

【問 29】 4

〔解説〕

　　水は水素結合をしており、沸点が異常に上がっている。またフッ化水素やアンモニアも水素結合をするが沸点は水ほど高くない。

【問 30】 4

〔解説〕

　　面神立方格子の 1 つの格子には立方体の頂点にある 1/8 の球が 8 つと、各面の中心にある 1/2 の球が 6 つから成る。また各粒子は 12 個の粒子と接している。

【問 31】　　3
〔解説〕
　　解答のとおり
【問 32】　　5
〔解説〕
　　空気中では銀は安定であるが銅は二酸化炭素と反応し緑青を生じる。銀も銅も
　どちらも希硫酸には溶解しない。酸化力のある酸に溶解する。臭化銀はフィルム
　の感光剤に用いられている。
【問 33】　　4
〔解説〕
　　アセチレンは水による水和反応を受けるが、直ちに異性化してアセトアルデヒ
　ド(CH_3CHO)を生じる。
【問 34】　　2
〔解説〕
　　塩化鉄(III)はフェノール性の OH を検出する試薬である。
【問 35】　　1
〔解説〕
　　酸性アミノ酸はアスパラギン酸とグルタミン酸などである。チロシンは芳香族
　アミノ酸、システインは含硫アミノ酸、リジンは塩基性アミノ酸である。

奈良県

（一般・農業用品目・特定品目共通）

問21～31　問21　4　問22　5　問23　2　問24　4　問25　4　問26　1
　　　　　　問27　5　問28　1　問29　3　問30　1　問31　4

〔解説〕

問21　　フッ素、塩素、窒素は気体、臭素は液体

問22　　18族元素の希ガス族は価電子が0である。

問23　　ケイ素 Si、スカンジウム Sc、セレン Se、ストロンチウム Sr

問24　　不飽和度はパルミチン酸とステアリン酸が0、オレイン酸が1、リノール酸が2、アラキドン酸が4である。

問25　　キサントプロテイン反応は芳香族アミノ酸の確認、ニンヒドリン反応はアミノ基の確認、ビウレット反応はペプチド結合の確認、ヨウ素でんぷん反応はでんぷんの確認に用いる。

問26　　メタン CH_4 の水素原子3つがハロゲンに変わったものをトリハロメタンあるいはハロホルムという。CHI_3 ヨードホルム、$CHCl_3$ クロロホルム

問27　　金属元素と非金属元素の結合はイオン結合である。

問28　　塩酸は塩化水素を水に溶かした混合物である。

問29　　電子1つを取り入れるときに放出されるエネルギーを電子親和力という。電子1個取り去るのに必要なエネルギーをイオン化エネルギーという。

問30　　$-NO_2$ ニトロ基、$-CHO$ アルデヒド基、$-SO_3H$ スルホ基、$-COOH$ カルボキシル基

問31　　マレイン酸は不飽和ジカルボン酸である。

問32　1

〔解説〕

イオン化傾向の大きい金属が負極、小さい金属が正極となる。また正極では還元反応、負極では酸化反応が起こる。

問33　3

〔解説〕

水酸化ナトリウムを加えると水色の水酸化銅が沈殿する。炎色反応は緑である。またアンモニア水を過剰に加えると錯イオンを形成し濃青色の液体になる。

問34　4

〔解説〕

過マンガン酸カリウムは酸化剤としてのみ働く。

問35　3

〔解説〕

水分子は折れ線型である。

問36　5

〔解説〕

2族の元素のうち Be と Mg を除いたものがアルカリ土類金属である。典型元素は 1, 2, 12～18 族の元素である。遷移金属元素は第4周期から現れる。

問 37　4
　〔解説〕
　　2-プロパノール水溶液は中性である。2-ブタノールは第二級アルコールである。
問 38　2
　〔解説〕
　　メタンが燃焼するときの化学反応式は $CH_4 + 2O_2 \rightarrow CO_2 + 2H_2O$ である。メタン 2.24 L は 0.1 モルなので、生じる水は 0.2 モルである。これに水の分子量 18 を乗じると 3.6 g となる。
問 39　2
　〔解説〕
　　この塩化カリウム溶液が 1L (1000 mL) あったとする。密度が 1.02g/cm³ であるから、この時の重さは 1000 × 1.02 = 1020 g。このうちの 4％が塩化カリウムの重さであるから、1020 × 0.04 = 40.8 g。よってこの溶液のモル濃度は溶質の重さを分子量 74.6 で割ったものであるから、40.8/74.6 = 0.547 mol/L となる。

問 40　3
　〔解説〕
　　求める希硫酸の体積を V とする。0.02 × 2 × V = 0.1 × 1 × 4, V = 10 mL

解答・解説編
〔実地〕

〔実　地編〕

〔性質及び貯蔵その他取扱方法、識別編〕

関西広域連合統一共通〔滋賀県、京都府、大阪府、和歌山県、兵庫県、徳島県〕

【令和元年度実施】

（一般）

【問 36】　2
〔解説〕
　　この設問では劇物である製剤の正しい組合せはどれかとあるので、aとcが正しい。なお、bの塩化水素を含有する製剤は、10 ％以下は劇物から除外。dの過酸化尿素は、17 ％以下は劇物から除外される。

【問 37】　5
〔解説〕
　　この設問は毒物に該当するものはどれかとあるので、cのヒドラジンとdのアリルアルコールが毒物である。なお、モノクロル酢酸とトルイジンは劇物。

【問 38】　4
〔解説〕
　　フッ化水素の廃棄方法は沈殿法：多量の消石灰水溶液中に吹き込んで吸収させ、中和し、沈殿濾過して埋立処分する。

【問 39】　4
〔解説〕
　　黄リン P_4 は、無色又は白色の蝋様の固体。毒物。別名を白リン。暗所で空気に触れるとリン光を放つ。水、有機溶媒に溶けないが、二硫化炭素には易溶。湿った空気中で発火する。空気に触れると発火しやすいので、水中に沈めてビンに入れ、さらに砂を入れた缶の中に固定し冷暗所で貯蔵する。

【問 40】　2
〔解説〕
　　クロロプレンは劇物。無色の揮発性の液体。多くの有機溶剤に可溶。水に難溶。用途は合成ゴム原料等。火災の際は、有毒な塩化水素ガスを発生するので注意。貯蔵法は重合防止剤を加えて窒素置換し遮光して冷所で保管する。廃棄法は木粉（おが屑）等の可燃物を吸収させ、スクラバーを具備した焼却炉で少量ずつ燃焼させる。

【問 41】　3
〔解説〕
　　解答のとおり。

【問 42】　1
〔解説〕
　　メソミル（別名メトミル）は 45 ％以下を含有する製剤は劇物。白色結晶。水、メタノール、アルコールに溶ける。有機燐系化合物。カルバメート剤なので、解毒剤は硫酸アトロピン（PAM は無効）、SH 系解毒剤の BAL、グルタチオン等。用途

は殺虫剤。

【問 43】　5

〔解説〕

　亜塩素酸ナトリウム $NaClO_2$ は劇物。白色の粉末。水に溶けやすい。加熱、摩擦により爆発的に分解する。用途は繊維、木材、食品等の漂白剤。。

【問 44】　1

〔解説〕

　この設問は b と c が正しい。なお、a のメタノール(メチルアルコール) CH_3OH ：毒性は頭痛、めまい、嘔吐、視神経障害、失明。致死量に近く摂取すると麻酔状態になり、視神経がおかされ、目がかすみ、ついには失明することがある。

【問 45】　2

〔解説〕

　解答のとおり。

【問 46】　2

〔解説〕

　亜硝酸カリウム KNO_2 は劇物。白色又は微黄色の固体。潮解性がある。水に溶けるが、アルコールには溶けない。空気中では徐々に酸化する。用途は、工業用にジアゾ化合物製造用、写真用に使用される。また試薬として用いられる。

【問 47】　3

〔解説〕

　アニリン $C_6H_5NH_2$ は、新たに蒸留したものは無色透明油状液体、光、空気に触れて赤褐色を呈する。特有な臭気。水には難溶、有機溶媒には可溶。劇物。用途はタール中間物の製造原料、医薬品、染料、樹脂、香料等の原料。。

【問 48】　3

〔解説〕

　水酸化ナトリウム(別名：苛性ソーダ) $NaOH$ は、白色結晶性の固体。空気中に放置すると、水分と二酸化炭素を吸収して潮解する。水溶液を白金線につけて火炎中に入れると、ナトリウムの炎色反応を示す。

【問 49】　4

〔解説〕

　塩化亜鉛 $ZnCl_2$ は、白色の結晶で、空気に触れると水分を吸収して潮解する。水およびアルコールによく溶ける。

【問 50】　5

〔解説〕

　シュウ酸 $(COOH)_2・2H_2O$ は、劇物(10％以下は除外)、無色稜柱状結晶、風解性、徐々に加熱すると昇華、急加熱により CO_2 と H_2O に分解。確認反応：1)カルシウムイオン Ca^{2+} によりシュウ酸カルシウム CaC_2O_4 の白色沈殿。2)還元剤なので $KMnO_4$(酸化剤、紫色)と酸化還元反応を起こし、Mn^{7+} が Mn^{2+}(肌色)になるため紫色が退色。

（農業用品目）

【問36】　2
〔解説〕
　この設問の劇物に該当するものは、aとcである。aのイソフェンホスは、5％以下を含有するものは劇物。cのエチレンクロルヒドリンを含有する含有する製剤は除外濃度される濃度がないので劇物。なお、bのアバメクチンを含有する製剤及びdのEPNを含有する製剤 は1.8％以下は劇物で、それ以上の濃度は毒物である。

【問37】　5
〔解説〕
　この設問については、農業用品目販売業者が販売できるものは、法第4条の3→施行規則第4条の2→施行規則別表第一に掲げる品目で、これに該当するものは、cの硫酸とdのニコチンが該当する。

【問38】　4
〔解説〕
　この設問ではき廃棄方法の組合わせについて不適切なものはどれかとあるので、5のアンモニアが該当する。アンモニアの廃棄法は、次のとおり。廃棄方法は、水に溶かしてから酸で中和後、多量の水で希釈処理する中和法。

【問39】　4
〔解説〕
　ロテノンはデリスの根に含まれる。殺虫剤。酸素、光で分解するので遮光保存。2％以下は劇物から除外。

【問40】　2
〔解説〕
　シアン化ナトリウムNaCN（別名青酸ソーダ、シアンソーダ、青化ソーダ）は毒物。白色の粉末またはタブレット状の固体。酸と反応して有毒な青酸ガスを発生するため、酸とは隔離して、空気の流通が良い場所冷所に密封して保存する。廃棄法は、水酸化ナトリウム水溶液等でアルカリ性とし、高温加圧下で加水分解するアルカリ法。

【問41】　3
〔解説〕
　アセタミプリドは、劇物。白色結晶固体。2％以下は劇物から除外。アセトン、メタノール、エタノール、クロロホルムなどの有機溶媒に溶けやすい。用途はネオニコチノイド系殺虫剤。

【問42】　1
〔解説〕
　この設問のイミノクタジンについて正しいのは、bのみである。イミノクタジンは、劇物。白色粉末（三酢酸塩の場合）。用途：工業は、果樹の腐らん病、麦類の斑葉病、芝の葉枯病殺菌。

【問43】　5
〔解説〕
　メチダチオンは劇物。灰白色の結晶。水には1％以下しか溶けない。有機溶媒に溶ける。有機燐化合物。用途は果樹、野菜、カイガラムシの防虫。

【問 44】　　1
　〔解説〕
　　　この設問の白色の結晶性粉末、粉剤で除草剤として用いるのは、1のダゾメットは劇物で除外される濃度はない。白色の結晶性粉末。融点は 106 ～ 10 ℃。用途は芝生等の除草剤。なお、ジメトエートは、白色の固体。用途は、稲のツマグロヨコバイ、ウンカ類、果樹のヤノネカイガラムシ、ミカンハモグリガ、ハダニ類、アブラムシ類、ハダニ類の駆除。ジクワットは、劇物で、ジピリジル誘導体で淡黄色結晶で、除草剤。ダイアファシノンは、黄色結晶性粉末で、用途は殺鼠剤。エチルチオメトンは、淡黄色の液体で、用途は有機燐系殺虫剤。

【問 45】　　2
　〔解説〕
　　　モノフルオール酢酸ナトリウム FCH₂COONa は重い白色粉末、吸湿性、冷水に易溶、メタノールやエタノールに可溶。野ネズミの駆除に使用。特毒。摂取により毒性発現。皮膚刺激なし、皮膚吸収なし。　モノフルオール酢酸ナトリウムの中毒症状：生体細胞内の TCA サイクル阻害（アコニターゼ阻害）。激しい嘔吐の繰り返し、胃疼痛、意識混濁、てんかん性痙攣、チアノーゼ、血圧下降。。

【問 46】　　2
　〔解説〕
　　　塩化亜鉛 ZnCl₂ は、白色結晶、潮解性、水に易溶。

【問 47】　　3
　〔解説〕
　　　EPN は、有機リン製剤、毒物（1.5 ％以下は除外で劇物）、芳香臭のある淡黄色油状（工業用製品）または融点 36 ℃の白色結晶。水に不溶、有機溶媒に可溶。不快臭。遅効性殺虫剤（アカダニ、アブラムシ、ニカメイチュウ等）。

【問 48】　　3
　〔解説〕
　　　エチオンは劇物。不揮発性の液体。キシレン、アセトン等の有機溶媒に可溶。水には不溶。有機リン製剤。用途は果樹ダニ類、クワガタカイガラムシ等に用いる。

【問 49】　　4
　〔解説〕
　　　硫酸タリウム Tl₂SO₄ は、劇物。白色結晶で、水にやや溶け、熱水に易溶、用途は殺鼠剤。硫酸タリウム 0.3 ％以下を含有し、黒色に着色され、かつ、トウガラシエキスを用いて著しくからく着味されているものは劇物から除外。。

【問 50】　　5
　〔解説〕
　　　エンドスルファン・ベンゾエピンは毒物。白色の結晶、工業用は黒褐色の固体。有機溶媒に溶ける。アルカリで分解する。水に不溶の有機塩素系農薬。水には溶けない。ほとんど臭気もない。キシレンに溶ける。用途は接触性殺虫剤で昆虫の駆除。

（特定品目）

【問 36】　　2

〔解説〕

　　この設問における劇物に該当するものは、２の過酸化水素は、６％以下は劇物
から除外であるが、設問は 10 ％を含有する製剤とあるので劇物。なお、塩化水素
は 10 ％以下は劇物から除外。メタノールは除外される濃度はない。本体のみ劇物。
水酸化カルシウムは毒劇物に指定されていない。硝酸は 10 ％以下は劇物から除外。

【問 37】　　5

〔解説〕

　　酢酸メチルは毒劇物に該当しない。

【問 38】　　4

〔解説〕

　　この設問のクロロホルムについて誤っているのは、４が誤り。クロロホルム
$CHCl_3$ は、無色、揮発性の液体で特有の香気とわずかな甘みをもち、麻酔性があ
る。空気中で日光により分解し、塩素、塩化水素、ホスゲンを生じるので、少量
のアルコールを安定剤として入れて冷暗所に保存。

【問 39】　　4

〔解説〕

　　ホルムアルデヒド $HCHO$ は還元性なので、廃棄はアルカリ性下で酸化剤で酸化
した後、水で希釈処理する（①酸化法）。②燃焼法　では、アフターバーナーを具
備した焼却炉でアルカリ性とし、過酸化水素水を加えて分解させ多量の水で希釈
して処理する。③活性汚泥法。

【問 40】　　2

〔解説〕

　　この設問で誤っているのは、２である。水酸化ナトリウムの貯蔵法は次のとお
り。水酸化ナトリウム（別名：苛性ソーダ）$NaOH$ は、白色結晶性の固体。水と炭
酸を吸収する性質が強い。空気中に放置すると、潮解して徐々に炭酸ソーダの皮
層を生ずる。貯蔵法については潮解性があり、二酸化炭素と水を吸収する性質が
強いので、密栓して貯蔵する。

【問 41】　　3

〔解説〕

　　塩化水素 HCl は酸性なので、石灰乳などのアルカリで中和した後、水で希釈す
る中和法。四塩化炭素 CCl_4 は有機ハロゲン化物で難燃性のため、可燃性溶剤や重
油とともにアフターバーナーを具備した焼却炉で燃焼させる燃焼法。

【問 42】　　1

〔解説〕

　　酢酸エチル $CH_3COOC_2H_5$（別名酢酸エチルエステル、酢酸エステル）は、劇物。
強い果実様の香気ある可燃性無色の液体。揮発性がある。蒸気は空気より重い。
引火しやすい。水にやや溶けやすい。

【問 43】　　5

〔解説〕

　　ｂが正しい。トルエン $C_6H_5CH_3$ 特有な臭いの無色液体。水に不溶。比重１以下。
可燃性。揮発性有機溶媒。貯蔵方法は直射日光を避け、風通しの良い冷暗所に、
火気を避けて保管する。

【問 44】　　1
〔解説〕
　　ホルムアルデヒド HCHO は、無色あるいは無色透明の液体で、刺激性の臭気を
もち、寒冷にあえば混濁することがある。空気中の酸素によって一部酸化されて
蟻酸を生じる。
【問 45】　　2
〔解説〕
　　a と c が正しい。水酸化カリウム水溶液＋酒石酸水溶液→白色結晶性沈澱(酒石
酸カリウムの生成)。不燃性であるが、アルミニウム、鉄、すず等の金属を腐食し、
水素ガスを発生。これと混合して引火爆発する。水溶液を白金線につけガスバー
ナーに入れると、炎が紫色に変化する。
【問 46】　　2
〔解説〕
　　2 が誤り。塩素 Cl_2 は劇物。黄緑色の気体で激しい刺激臭がある。冷却すると、
黄色溶液を経て黄白色固体。水にわずかに溶ける。沸点-34．05℃。強い酸化力を
有する。極めて反応性が強く、水素又はアセチレンと爆発的に反応する。水分の
存在下では、各種金属を腐食する。水溶液は酸性を呈する。粘膜接触により、刺
激症状を呈する。廃棄法：アルカリ法と還元法がある。
【問 47】　　3
〔解説〕
　　a が誤り。次のとおり。四塩化炭素(テトラクロロメタン) CCl_4 は、劇物。揮発
性、麻酔性の芳香を有する無色の重い液体。水に溶けにくく有機溶媒には溶けや
すい。強熱によりホスゲンを発生。蒸気は空気より重く、低所に滞留する。
【問 48】　　3
〔解説〕
　　解答のとおり。
【問 49】　　4
〔解説〕
　　クロム酸塩類の識別方法は、クロム酸イオンは黄色、重クロム酸は赤色。これ
は中性またはアルカリ性溶液では黄色のクロム酸として、酸性溶液では赤色の重ク
ﾛﾑ酸として存在する。
【問 50】　　5
〔解説〕
　　c と d が正しい。なお、酸化水銀(Ⅱ)HgO は、別名酸化第二水銀、鮮赤色ない
し橙赤色の無臭の結晶性粉末のものと橙黄色ないし黄色の無臭の粉末とがある。
水にほとんど溶けず、希塩酸、硝酸、シアン化アルカリ溶液に溶ける。アンモニ
ア NH_3 は、常温では無色刺激臭の気体、冷却圧縮すると容易に液化する。水、エ
タノール、エーテルに可溶。強いアルカリ性を示し、腐食性は大。水溶液は弱ア
ルカリ性を呈する。

〔取扱・実地〕

奈良県
（一般）

問 41　2
〔解説〕
　　ギ酸は劇物であり、分子式は CH_2O_2 である。

問 42　4
〔解説〕
　　四エチル鉛 $(C_2H_5)_4Pb$（別名エチル液）は、特定毒物。純品は無色の揮発性液体。特殊な臭気があり、引火性がある。水にほとんど溶けない。金属に対して腐食性がある。

問 43〜47　問 43　3　　問 44　1　　問 45　2　　問 46　4　　問 47　5
〔解説〕
　　問 43　アジ化ナトリウム NaN_3 は、毒物、無色板状結晶、水に溶けアルコールに溶け難い。エーテルに不溶。徐々に加熱すると分解し、窒素とナトリウムを発生。酸によりアジ化水素 HN_3 を発生。　　問 44　DDVP（別名ジクロルボス）は有機リン製剤で接触性殺虫剤。刺激性で微臭のある比較的揮発性の無色油状液体、水に溶けにくく、有機溶媒に易溶。水中では徐々に分解。　　問 45　硝酸ストリキニーネは、毒物。無色針状結晶。水、エタノール、グリセリン、クロロホルムに可溶。エーテルには不溶。　　問 46 リン化水素（別名ホスフィン）は無色、腐魚臭の気体。気体は自然発火する。水にわずかに溶け、酸素及びハロゲンとは激しく結合する。エタノール、エーテルに溶ける。　　問 47　5 ヨウ化メチル CH_3I は、無色または淡黄色透明液体、低沸点、光により I_2 が遊離して褐色になる（一般にヨウ素化合物は光により分解し易い）。エタノール、エーテルに任意の割合に混合する。水に可溶である。

問 48〜51　問 48　3　　問 49　1　　問 50　4　　問 51　2
〔解説〕
　　解答のとおり。

問 52〜55　問 52　4　　問 53　2　　問 54　3　　問 55　1
〔解説〕
　　問 52　アクリルアミドは無色の結晶。土木工事用の土質安定剤、接着剤、凝集沈殿促進剤などに用いられる。　　問 53　ジメチルアミン $(CH_3)_2NH$ は、劇物。無色で魚臭様（強アンモニア臭）の臭気のある気体。水溶液は強いアルカリ性を呈する。用途は界面活性剤の原料等。　　問 54　水銀 Hg は常温で唯一の液体の金属である。銀白色の重い流動性がある。常温でも僅かに揮発する。毒物。比重 13.6。用途は工業用として寒暖計、気圧計、水銀ランプ、歯科用アマルガムなど。
　　問 55　フェノールは種々の薬品合成の原料となっている。その他にも防腐剤、殺菌剤に用いられる。

問56　1
〔解説〕
　　この設問であやまっているものはbの三酸化二砒素である。三酸化二砒素（亜砒酸）は、毒物。無色、結晶性の物質。200 ℃に熱すると、溶解せずに昇華する。水にわずかに溶けて亜砒酸を生ずる。貯蔵法は少量ならばガラス壜に密栓し、大量ならば木樽に入れる。

問57〜60　問57　1　　問58　3　　問59　2　　問60　4
〔解説〕
　　問57　ダイアジノンは、有機リン製剤。接触性殺虫剤、かすかにエステル臭をもつ無色の液体、水に難溶、有機溶媒に可溶。付近の着火源となるものを速やかに取り除く。空容器にできるだけ回収し、その後消石灰等の水溶液を多量の水を用いて洗い流す。　　問58　過酸化ナトリウム（Na_2O_2）は劇物。純粋なものは白色。一般には淡黄色。常温で水と激しく反応して酸素を発生し水酸化ナトリウムを生ずる。用途は工業陽に酸化剤、漂白剤として使用されるほか、試薬に使用される。飛散したものは、空容器にできるだけ回収する。回収したものは、発火の恐れがあるので速やかに回収多量の水で流して処理する。なお、回収してた後は、多量の水で洗い流す。　　問59　エチレンオキシドは、劇物。快臭のある無色のガス、水、アルコール、エーテルに可溶。可燃性ガス、反応性に富む。付近の着火源となるものを速やかに取り除き、漏えいしたボンベ等告別多量の水に容器ごと投入してガスを吸収させ、処理し、その処理液を多量の水で希釈して洗い流す。
　　問60　砒酸は毒物。無色透明な微小な板状結晶または結晶性粉末。水、アルコール、グリセリンに溶ける。用途は、砒酸鉛、砒酸石炭、フクシンその他医薬用砒素剤の原料として使用される。飛散したものは、空容器にできるだけ回収する。そのあとを硫酸鉄（Ⅲ）等の水溶液を散布し、水酸化カルシウム、炭酸ナトリウム等の水溶液を用いて処理した後、多量の水で洗い流す。

（農業用品目）

問41　2
〔解説〕
　　農業用品目販売業者が販売できる品目は、法第4条の3第1項→施行規則第4条の2→施行規則別表第一に掲げる品目である。この設問では農業用品目販売業者が販売できない品目とあるので、クロロ酢酸ナトリウムが該当する。

問42〜44　問42　2　　問43　3　　問44　4
〔解説〕
　　劇物としての指定から除外される濃度については、法第2条第2項→法別表第二→指定令第2条に規定されている。解答のとおり。

問45〜47　問45　4　　問46　　　2　　問47　1
〔解説〕
　　問45　ブロムメチル CH_3Br は可燃性・引火性が高いため、火気・熱源から遠ざけ、直射日光の当たらない換気性のよい冷暗所に貯蔵する。耐圧等の容器は錆防止のため床に直置きしない。漏えいした場合：漏えいした液は、土砂等でその流れを止め、液が拡がらないようにして蒸発させる。　　問46　　　メソミル（別名メトミル）は、劇物。白色の結晶。水、メタノール、アセトンに溶ける。カルバメート剤なので、解毒剤は硫酸アトロピン（PAM は無効）、SH 系解毒剤の BAL、グ

ルタチオン等。漏えいした場合：飛散したものは空容器にできるだけ回収し、そのあとを消石灰等の水溶液を用いて処理し、多量の水を用いて洗い流す。　　問47　燐化アルミニウムとその分解促進剤とを含有する製剤（ホストキシン）は、特定毒物。無色の窒息性ガス。大気中の湿気に触れると、徐々に分解して有毒な燐化水素ガスを発生する。分解すると有毒ガスを発生する。飛散したものの表面を速やかに土砂等で覆い、燐化アルミニウムで汚染された土砂等も同様な措置をし、そのあとを多量の水を用いて洗い流す。

問48　4

〔解説〕

　この設問のクロルピクリンについては、c と d が正しい。なお、クロルピクリン CCl_3NO_2 は、無色～淡黄色液体、催涙性、粘膜刺激臭。水に不溶。アルコール、エーテルなどには溶ける。用途は線虫駆除、土壌燻蒸剤（土壌病原菌、センチュウ等の駆除）。

問49　4

〔解説〕

　この設問のイソキサチオンについては、c と d が正しい。なお、イソキサチオンは有機リン剤、劇物（2 ％以下除外）、淡黄褐色液体、水に難溶、有機溶剤に易溶、アルカリには不安定。用途はミカン、稲、野菜、茶等の害虫駆除。（有機燐系殺虫剤）

問50～53　　問50　2　　問51　4　　問52　3　　問53　1

〔解説〕

　問50　アンモニア NH_3 は無色刺激臭をもつ空気より軽い気体。水に溶け易く、その水溶液はアルカリ性でアンモニア水。廃棄法はアルカリなので、水で希釈後に酸で中和し、さらに水で希釈処理する中和法。　　問51　塩素酸ナトリウム $NaClO_3$ は、無色無臭結晶、酸化剤、水に易溶。廃棄方法は、過剰の還元剤の水溶液を希硫酸酸性にした後に、少量ずつ加え還元し、反応液を中和後、大量の水で希釈処理。問52　DDVP は劇物。刺激性があり、比較的揮発性の無色の油状の液体。水に溶けにくい。廃棄方法は木粉（おが屑）等に吸収させてアフターバーナー及びスクラバーを具備した焼却炉で焼却する燃焼法と 10 倍量以上の水と攪拌しながら加熱乾留して加水分解し、冷却後、水酸化ナトリウム等の水溶液で中和するアルカリ法。　　問53　硫酸 H_2SO_4 は酸なので廃棄方法はアルカリで中和後、水で希釈する中和法。

問54～57　　問54　3　　問55　2　　問56　1　　問57　4

〔解説〕

　問54　エチルジフェニルジチオホスフェイト（別名　エジフェンホス、EDDP）は劇物。黄色～淡褐色透明な液体、特異臭、水に不溶、有機溶媒に可溶。有機リン製剤、劇物（2 ％以下は除外）、殺菌剤。　　問55　塩素酸ナトリウム $NaClO_3$ は、無色無臭結晶、酸化剤、水に易溶。有機物や還元剤との混合物は加熱、摩擦、衝撃などにより爆発することがある。用途は除草剤、酸化剤、抜染剤。　　問56　2－ジフェニルアセチル－1・3－インダンジオン（別名　ダイファシノン）は、黄色結晶性粉末、アセトン、酢酸に溶け、水に難溶。殺鼠剤。　　問57　テフルトリンは、5 ％を超えて含有する製剤は毒物。0.5 ％以下を含有する製剤は劇物。淡褐色固体。水にほとんど溶けない。有機溶媒に溶けやすい。用途は野菜等のコガネムシ類等の土壌害虫を防除する農薬（ピレスロイド系農薬）。

問 58 ～ 60 　　問 58 　4 　　問 59 　2 　　問 60 　3
〔解説〕
　　問 58 　無機銅塩類(硫酸銅等。ただし、雷銅を除く)の毒性は、緑色、または青色のものを吐く。のどが焼けるように熱くなり、よだれがながれ、しばしば痛むことがある。急性の胃腸カタルをおこすとともに血便を出す。　　問 59 　モノフルオール酢酸ナトリウムは有機フッ素系である。有機フッ素化合物の中毒：TCAサイクルを阻害し、呼吸中枢障害、激しい嘔吐、てんかん様痙攣、チアノーゼ、不整脈など。治療薬はアセトアミド。　　問 60 　硫酸タリウム Tl_2SO_4 は、白色結晶で、水にやや溶け、熱水に易溶、劇物、殺鼠剤。中毒症状は、疝痛、嘔吐、震せん、けいれん麻痺等の症状に伴い、しだいに呼吸困難、虚脱症状を呈する。治療法は、カルシウム塩、システインの投与。抗けいれん剤(ジアゼパム等)の投与。

(特定品目)

問 41 ～ 48 　問 41 　3 　　問 42 　2 　　問 43 　4 　　問 44 　1 　　問 45 　1
　　　　　　　問 46 　4 　　問 47 　3 　　問 48 　2
〔解説〕
　　解答のとおり。
問 49 ～ 52 　問 49 　4 　　問 50 　2 　　問 51 　1 　　問 52 　3
〔解説〕
　　解答のとおり。
問 53 ～ 56 　問 53 　4 　　問 54 　1 　　問 55 　3 　　問 56 　2
〔解説〕
　　問 53 　硅弗化ナトリウムは劇物。無色の結晶。水に溶けにくい。アルコールにも溶けない。　水に溶かし、消石灰等の水溶液を加えて処理した後、希硫酸を加えて中和し、沈殿濾過して埋立処分する分解沈殿法。　　問 54 キシレン $C_6H_4(CH_3)_2$ は、C、H のみからなる炭化水素で揮発性なので珪藻土に吸着後、焼却炉で焼却(燃焼法)。　　問 55 　ホルマリンはホルムアルデヒド HCHO の水溶液で劇物。無色あるいはほとんど無色透明な液体。廃棄方法は多量の水を加え希薄な水溶液とした後、次亜塩素酸ナトリウムなどで酸化して廃棄する酸化法。　　問 56 　水酸化ナトリウムは塩基性であるので酸で中和してから希釈して廃棄する中和法。
問 57 ～ 60 　問 57 　2 　　問 58 　4 　　問 59 　1 　　問 60 　3
〔解説〕
　　解答のとおり。

毒物劇物試験問題集〔関西広域連合・奈良県版〕
過去問
令和2（2020）年度版

ISBN978-4-89647-275-2　C3043　￥700E

令和2年(2020年) 7 月 9 日発行　　　　　　　　　　　　　　定価700円＋税

編　集　　毒物劇物安全性研究会

発　行　　薬務公報社

〒166-0003　東京都杉並区高円寺南2-7-1　拓都ビル
電話　03(3315)3821　　　　　　FAX　03(5377)7275